杨晨 闫薇◎编著

Oracle
数据库应用
教学做 一体化教程

U0314894

清华大学出版社
北京

内 容 简 介

Oracle 数据库是计算机科学与技术、软件工程、信息安全、网络工程、信息管理与信息系统等专业的必修课程,也是许多计算机爱好者所希望掌握的技能。

本书采用教、学、做一体化模式,以核心知识、能力目标、任务驱动和实践环节为单元组织本书的体系结构。每个单元都由 4 个模块:核心知识点、能力目标、任务驱动和实践环节所构成。精选大量的实用案例,循序渐进地介绍了 Oracle 10g 数据库的基本原理及其应用技术。注重结合实例讲解一些难点和关键技术,在实例上侧重实用性和启发性。特别强调知识点的能力目标,通过合理的任务驱动和实践环节提高 Oracle 数据库应用的操作能力。全书分为 10 章,内容包括:Oracle 数据库的安装和卸载,Oracle 数据库体系结构,PL/SQL 概述,异常处理,游标,存储子程序,包,触发器,用户、权限与角色管理,数据库备份与恢复。

本书不仅适合作为高等院校计算机科学与技术、软件工程、信息安全等专业的相关课程教材,而且适合作为 Oracle 数据库开发、交互式网站开发爱好者的自学参考书。

图书在版编目(CIP)数据

Oracle 数据库应用教学做一体化教程/杨晨,闫薇编著. —北京:清华大学出版社,2013.4
ISBN 978-7-302-31434-9

Ⅰ. ①O… Ⅱ. ①杨… ②闫… Ⅲ. ①关系数据库系统—教材 Ⅳ. ①TP311.138

中国版本图书馆 CIP 数据核字(2013)第 020195 号

责任编辑:田在儒
封面设计:李 丹
责任校对:李 梅
责任印制:刘海龙

出版发行:清华大学出版社
　　　　　网　　址:http://www.tup.com.cn,http://www.wqbook.com
　　　　　地　　址:北京清华大学学研大厦 A 座　　　　　邮　　编:100084
　　　　　社 总 机:010-62770175　　　　　邮　　购:010-62786544
　　　　　投稿与读者服务:010-62776969,c-service@tup.tsinghua.edu.cn
　　　　　质量反馈:010-62772015,zhiliang@tup.tsinghua.edu.cn
　　　　　课件下载:http://www.tup.com.cn,010-62795764
印 装 者:清华大学印刷厂
经　　销:全国新华书店
开　　本:185mm×260mm　　　　印　　张:11.5　　　　字　　数:260 千字
版　　次:2013 年 4 月第 1 版　　　　印　　次:2013 年 4 月第 1 次印刷
印　　数:1~5000
定　　价:25.00 元

产品编号:045666-01

前 言
FOREWORD

本书采用教学做一体化的方式撰写,合理地组织学习单元,并将每个单元分解为核心知识、能力目标、任务驱动、实践环节四个模块,体现教学做一体化过程。精选大量的实用案例,循序渐进地介绍了 Oracle 10g 数据库的基本原理及其应用技术。注重结合实例讲解一些难点和关键技术,在实例上侧重实用性和启发性。全书分为 10 章,内容包括:Oracle 数据库的安装和卸载,Oracle 数据库体系结构,PL/SQL 概述,异常处理,游标,存储子程序,包,触发器,用户、权限与角色管理,数据库备份与恢复。

每个单元的核心知识点强调在 Oracle 10g 数据库中最重要和实用的知识;能力目标强调使用核心知识点进行 Oracle 数据库操作的能力;任务驱动模块起着巩固核心知识点,帮助读者提高分析问题和解决问题能力的作用。通过任务驱动模块的训练,读者有能力完成后续的实践环节。通过实践环节,帮助读者全面拓展所学知识,提高知识的灵活运用能力。第 1 章主要介绍 Oracle 数据库的安装和卸载;第 2 章主要介绍 Oracle 数据库体系结构,包括物理存储结构、逻辑存储结构、内存结构和进程结构;第 3 章主要介绍 PL/SQL 块的基本结构、变量的定义、数据类型和 PL/SQL 的控制结构,特别讲解了 IF 语句、CASE 语句、简单循环、WHILE 循环和 FOR 循环的使用方法;第 4 章主要介绍异常的类型、系统预定义异常、非预定义异常和用户自定义异常的处理过程;第 5 章主要介绍显式游标的处理步骤、游标的 FOR 循环结构、带参数的游标和利用游标操纵数据库的方法、隐式游标的应用;第 6 章主要介绍存储过程和函数的创建步骤、语法、参数的使用方法、存储过程和函数的管理等;第 7 章主要介绍包的基本概念及特点、包说明部分与包主体的创建语法、创建流程、公有变量和私有变量的使用;第 8 章主要介绍触发器的种类及各种触发器的功能,特别讲解了 DML 触发器的使用及执行流程、语句级触发器和行级触发器的创建;第 9 章主要介绍用户与角色的创建、更改用户属性、删除用户与角色、授予权限、回收权限、查询相关信息等操作;第 10 章主要介绍 Oracle 数据库备份与恢复的方法。本书中的所有案例均来自附录中的学生—课程数据库、员工—部门数据库。

本书特别注重引导学生参与课堂教学活动,适合高等院校相关专业作为教、学、做一体化的教材。

本书的示例、任务驱动的源程序、书后习题参考答案以及电子教案可以在清华大学出版社网站上免费下载,以供读者和教学使用。

由于编者水平有限,书中难免存在疏漏之处,敬请广大读者批评指正。

编　者

2013 年 3 月

目 录
CONTENTS

Oracle 数据库的安装和卸载

本章将以 Oracle 10g 数据库为例,学习 Oracle 数据库的安装,使用数据库配置向导 (DBCA)创建数据库,Oracle 的服务类型,Oracle 数据库的启动与关闭方法,常用的默认用户,企业管理器(OEM),SQL * Plus 和 iSQL * Plus 数据库管理工具的使用方法,Oracle 数据库的卸载。

1.1 Oracle 数据库的安装

1.1.1 核心知识

Oracle 数据库系统是世界上最早商业化的关系型数据库管理系统,是数据库专业厂商 Oracle 公司的核心产品,也是当前应用最为广泛、功能最强大的、高可用性的数据库系统。它以支持海量存储、多用户并发高性能事务处理;应用集群实现可用性和可伸缩性;支持网格计算;业界领先的安全性而著称。它支持各种操作系统平台,包括 Windows、各种 Linux 和 UNIX 等。

以前,Oracle 数据库的安装是一个很复杂的过程,用户在安装 Oracle 之前,必须对 Oracle 系统有一个深入的了解。但是,自从 Oracle Database 10g 系统发布以来,Oracle 数据库的安装过程大大简化了,安装速度也更快了。

在安装 Oracle 10g 数据库之前,首先应该了解安装系统对计算机的软、硬件环境有哪些要求。

1. 硬件环境要求

安装 Oracle 10g 的硬件环境要求如表 1.1 所示。

2. 软件环境要求

安装 Oracle 10g 的软件环境要求如表 1.2 所示。

表 1.1　安装 Oracle 10g 的硬件环境要求

环　境	最　小　配　置
物理内存	最少 256MB，建议使用 512MB
虚拟内存	物理内存的两倍
硬盘空间	根据安装组件和文件系统的不同，需要的硬盘空间也不同。基本安装类型共需要 2.04GB，高级安装类型共需要 1.94GB
显示适配器	256 色
处理器	主频最少 550MHz

表 1.2　安装 Oracle 10g 的软件环境要求

环　境	描　　述
系统体系结构	处理器：Intel(x86)、AMD64 或 Intel EM64T 注意：Oracle 提供适合 32 位（x86）、64 位(Itanium)和 64 位（x64）Windows 的数据库版本
操作系统	• Windows 2000 SP1 或更高版本，支持所有的版本 • Windows Server 2003 的所有版本 • Windows XP 专业版 Oracle 10g 数据库不支持 Windows NT
编译器	Pro * Cobol 可以支持如下两种编译器： • ACUCOBOL-GT6.2 • Micro Focus Net Express 4.0 不支持 Object Oriented COBOL(OOCOBOL) 支持 Microsoft Visual C++ .NET 2002 7.0 和 Microsoft Visual C++ .NET 2003 7.1 编译器的组件： • Oracle C++ Call Interface • Oracle Call Interface • GNU Compiler Collection(GCC) • External callouts • PL/SQL native compilation • XDK
网络协议	Oracle Net 底层可以使用下面的工业标准协议与 Oracle 系统进行通信： • TCP/IP • TCP/IP with SSL • Named Pipes

3. Oracle 10g 数据库服务器的安装

首先确定自己的计算机在软、硬件条件上符合安装 Oracle 10g 的要求，然后运行 Oracle 10g 安装程序目录下的 setup.exe 即可。可以通过两种方式安装 Oracle 10g，即基本安装和高级安装。

（1）基本安装

如果希望快速安装 Oracle 10g，请选择此安装方法。此方法需要的输入最少。可以输入的信息包括以下几种。

① 安装 Oracle 数据库的目录。默认目录为 E:\oracle\product\10.2.0\db_1。

② 安装类型。包括企业版、标准版和个人版。

③ 创建启动数据库。如果希望在安装过程中创建一般用途的数据库,请选择此选项。如果不选择此选项,安装程序将仅安装软件,而不会创建数据库。如果不选择在安装过程中创建数据库,可以在安装软件后使用数据库配置辅助程序(DBCA)来创建数据库。

④ 全局数据库名。指定希望创建的数据库的名称,默认为 orcl。

⑤ 数据库口令。为以下数据库管理账户指定一个公共口令,包括 SYS、SYSTEM、DBSNMP 和 SYSMAN。

（2）高级安装

如果希望完成以下任何一项任务,请选择高级安装方法。

① 执行定制软件安装,或者选择其他数据库配置。

② 安装 Oracle Real Application Clusters。

③ 升级现有的数据库。

④ 选择数据库字符集或其他产品语言。

⑤ 创建与软件位于不同文件系统上的数据库。

⑥ 配置自动存储管理(ASM)或使用裸设备存储数据库。

⑦ 为管理方案指定不同的口令。

⑧ 配置自动备份或 Oracle Enterprise Manager 通知。

具体安装过程见"任务驱动"环节。

1.1.2　能力目标

了解 Oracle 10g 数据库对计算机的软、硬件环境的要求,掌握 Oracle 10g 数据库服务器的安装方法及创建数据库的方法。

1.1.3　任务驱动

任务 1：Oracle 数据库服务器的安装。

任务的解析步骤如下。

（1）确定自己的计算机在软、硬件条件上符合安装 Oracle 10g 的要求,然后运行 Oracle 10g 安装程序目录下的 setup.exe 文件,打开"Oracle Database 10g 安装-安装方法"窗口,如图 1.1 所示。可以通过基本安装和高级安装两种方式安装 Oracle 10g。下面以"高级安装"方式演示 Oracle 10g 的安装过程。

（2）选中"高级安装"单选按钮,单击"下一步"按钮,打开"选择安装类型"窗口,如图 1.2 所示。可以选择企业版、标准版、个人版和定制安装。单击"产品语言"按钮,可以选择运行 Oracle Database 10g 系统的语言环境。

- "企业版"安装类型是为企业级应用设计的。企业版主要应用于对数据的安全性要求比较高,并且以任务处理为中心的数据库环境。
- "标准版"安装类型提供了大部分数据库功能和特性的核心,适用于普通部门级别的应用环境。
- "个人版"安装类型只提供基本数据库管理服务,它适用于单用户开发环境,对系统配置的要求也比较低。
- "定制"安装允许用户从所有可用组件的列表中选择要安装的组件,还可以在现有的安装中安装附加的产品组件。

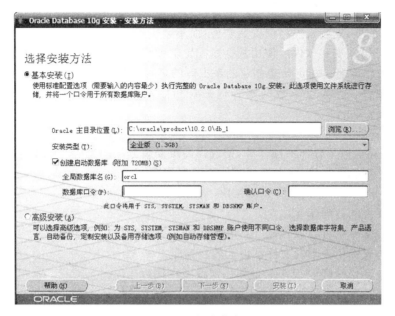

图 1.1　选择安装方法

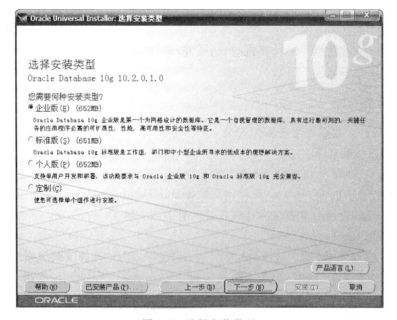

图 1.2　选择安装类型

（3）选择"企业版"，单击"下一步"按钮，打开"指定主目录详细信息"窗口，如图 1.3 所示。

（4）单击"下一步"按钮，打开"产品特定的先决条件检查"窗口，如图 1.4 所示。安装前，安装程序要验证用户当前环境是否符合安装和配置所需要安装的产品的所有最低要求。对于那些标记警告的和需要手动检查的选项，用户必须手动验证。所有的检查选项都通过验证之后，才可以继续进行安装。

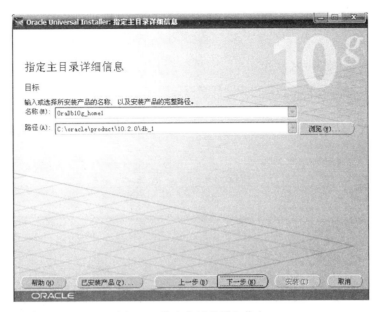

图 1.3　指定主目录详细信息

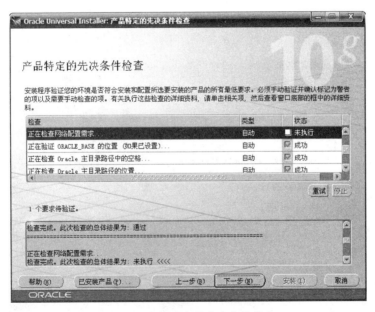

图 1.4　产品特定的先决条件检查

（5）通过检查后，单击"下一步"按钮，打开"选择配置选项"窗口，如图 1.5 所示。如果选中"创建数据库"单选按钮，则表示在当前安装过程中创建数据库。也可以选中"配置自动存储管理"单选按钮，表示使用 ASM 管理数据库文件，这时需要制定 ASM SYS 用户的口令。如果只是希望安装数据库运行必需的软件，那么可以选中"仅安装数据库软件"单选按钮。这里选择"创建数据库"单选按钮。

（6）单击"下一步"按钮，打开"选择数据库配置"窗口，如图 1.6 所示。用户可以选择要创建数据库的类型，包括一般用途、事务处理、数据仓库和高级等。

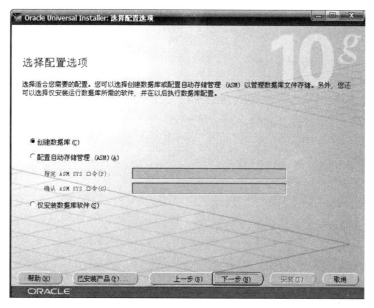

图 1.5　选择配置选项

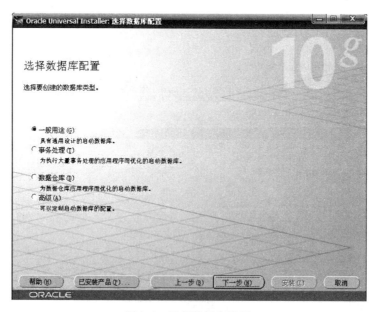

图 1.6　选择数据库配置

- 一般用途：选择此配置类型可以创建适合于各种用途（从简单的事务处理到复杂的查询）的预配置数据库。
- 事务处理：选择此配置类型可以创建适用于大量并发用户执行简单事务处理的环境的预配置数据库。
- 数据仓库：选择此配置类型可以创建适用于针对特定主题执行复杂查询的环境的预配置数据库。
- 高级：选择此配置类型可以在安装结束后运行 DBCA 的完整版本。

　　（7）选择"一般用途"，单击"下一步"按钮，打开"指定数据库配置选项"窗口，如图 1.7 所示。可以在此处为数据库命名、选择数据库字符集，以及选择是否创建带样本方案的数据库。默认的"全局数据库名"和 SID 都是 orcl。

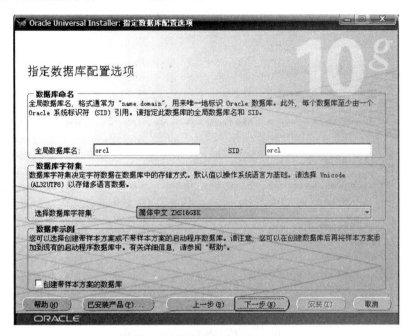

图 1.7　指定数据库配置选项

　　（8）单击"下一步"按钮，打开"选择数据库管理选项"窗口，如图 1.8 所示。

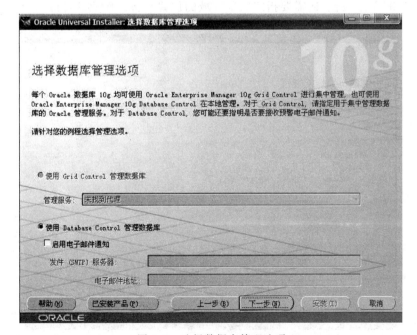

图 1.8　选择数据库管理选项

（9）选中"使用 Database Control 管理数据库"单选按钮，单击"下一步"按钮，打开"指定数据库存储选项"窗口，如图 1.9 所示。这里可以选择将要用于创建数据库的存储机制。这些存储机制包括文件系统、自动存储管理（ASM）和裸设备。

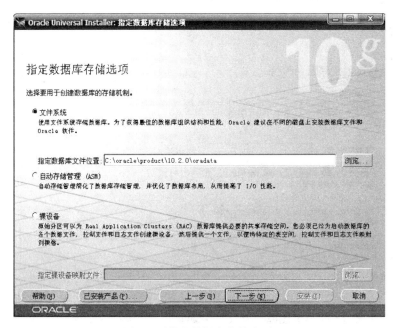

图 1.9　指定数据库存储选项

（10）单击"下一步"按钮，打开"指定备份和恢复选项"窗口，如图 1.10 所示。如果选中"启用自动备份"单选按钮，还需要指定恢复区域的位置和备份作业的身份证明。

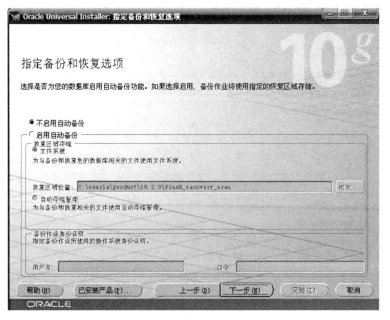

图 1.10　指定备份和恢复选项

（11）单击"下一步"按钮，打开"指定数据库方案的口令"窗口，如图 1.11 所示。在此窗口中可以为 SYS、SYSTEM、SYSMAN 和 DBSNMP 用户分别指定不同的口令，也可以让所有用户使用相同的口令。在此选择让所有用户使用相同的口令。

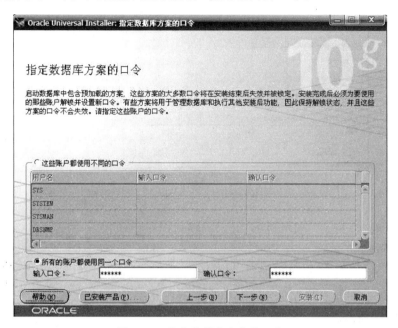

图 1.11　指定数据库方案的口令

（12）单击"下一步"按钮，打开"概要"窗口，显示在安装过程中选定的选项的概要信息，如图 1.12 所示。

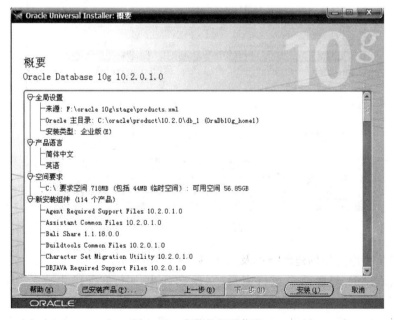

图 1.12　安装的概要信息

（13）在确定满足要求的情况下，单击"安装"按钮，打开"安装"窗口，如图 1.13 所示。

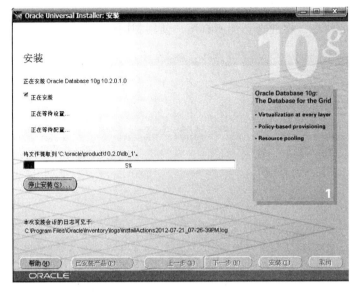

图 1.13　安装

（14）安装完成后，安装程序会运行 Configuration Assistant，配置并启动前面所选择的组件，如图 1.14 所示。

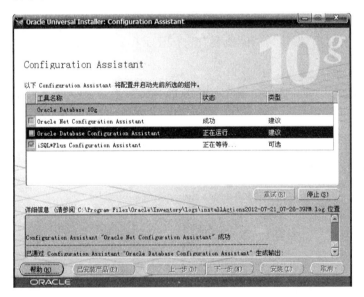

图 1.14　运行 Configuration Assistant

（15）安装程序还要创建数据库及实例，如图 1.15 所示。

（16）当 Oracle 配置助手运行完后，系统会弹出一个关于已生成数据库的信息，如图 1.16 所示。

（17）安装完成后，将打开"安装 结束"窗口，如图 1.17 所示。单击"退出"按钮，结束安装过程。

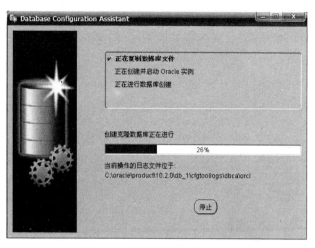

图 1.15　创建数据库及实例

图 1.16　数据库配置信息

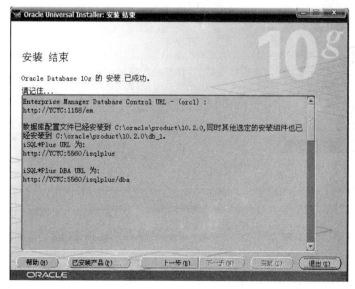

图 1.17　安装结束

任务 2：使用数据库配置向导(DBCA)创建数据库。

如果在安装 Oracle 系统时,选择不创建数据库,只是安装 Oracle 数据库服务器软件,在这种情况下要使用 Oracle 系统则必须创建数据库。可以使用 Database Configuration Assistant 工具来创建新的数据库。

任务的解析步骤如下。

(1) 选择"开始"→"程序"→"Oracle-OraDb10g_home1"→"配置和移植工具"→Database Configuration Assistant 命令,进入"欢迎使用"窗口,如图 1.18 所示。

图 1.18 "欢迎使用"窗口

(2) 单击"下一步"按钮,进入"步骤 1(共 12 步):操作"窗口,如图 1.19 所示。其中,各选项的意义如下。

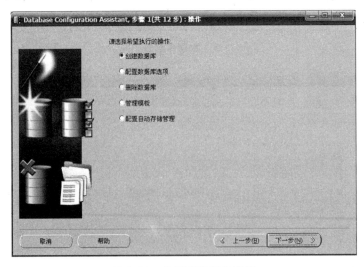

图 1.19 选择要进行的操作

- 创建数据库:当选择该选项后,DBCA 会创建一个新的数据库。
- 配置数据库选项:该选项用于对已经存在的数据库进行配置。
- 删除数据库:从 Oracle 数据库服务器中删除某数据库。
- 管理模板:该选项用于创建或删除数据库模板。当创建一个新数据库模板后,可以使用该模板创建与模板相同配置的数据库。

- 配置自动存储管理：使用此选项可以创建和管理 ASM 及其相关的磁盘组，而与创建新数据库无关。

（3）选中"创建数据库"单选按钮，单击"下一步"按钮，进入"步骤 2（共 12 步）：数据库模板"窗口，如图 1.20 所示。DBCA 提供了 4 种类型的数据库模板以适应不同的应用环境。

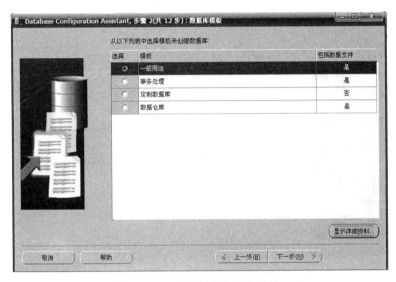

图 1.20　选择创建数据库模板

可以在 DBCA 中查看各个模板的详细信息，只要选择某个模板并单击"显示详细资料"按钮，"模板详细资料"窗口中将显示该数据库模块的各种信息，包括常用选项、初始化参数、字符集、控制文件以及重做日志等。"一般用途"的数据库模板详细信息如图 1.21 所示。

图 1.21　模板详细信息

（4）当确定创建数据库的模板后，单击"下一步"按钮，进入"步骤 3（共 12 步）：数据库标识"窗口，如图 1.22 所示。在该窗口中需要为数据库指定"全局数据库名"和 SID。全局数据库名是 Oracle 数据库的唯一标识，所以不能与已有的数据库重名。打开 Oracle 数据库时，将启动 Oracle 实例。实例由 Oracle 系统标识符唯一标识。在默认情况下，全局数据库名和 SID 同名。

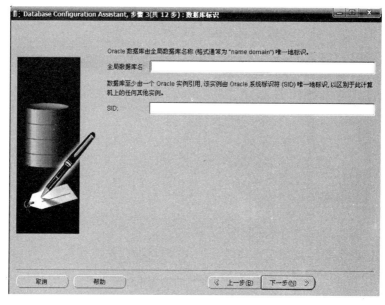

图 1.22　确定数据库的全局名和实例名

（5）输入"全局数据库名"和 SID 后，单击"下一步"按钮，打开"步骤 4（共 12 步）：管理选项"窗口进行配置，如图 1.23 所示。

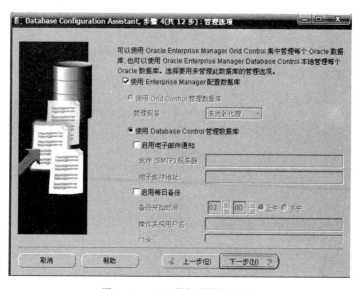

图 1.23　配置数据库管理选项

（6）单击"下一步"按钮，打开"步骤 5（共 12 步）：数据库身份证明"窗口，如图 1.24 所示。在这里可以为不同的默认用户指定不同的口令，也可以为多个用户指定相同的口令。

图 1.24　配置数据库的身份验证

（7）设定口令后，单击"下一步"按钮，打开"步骤 6（共 12 步）：存储选项"窗口，如图 1.25 所示。可以在此选择数据库的存储机制。

- 文件系统：使用文件系统进行数据库存储。
- 自动存储管理（ASM）：可以简化数据库存储管理，优化数据库布局以改进 I/O 性能。
- 裸设备：使用裸分区或卷为 RAC 数据库提供必要的共享存储。

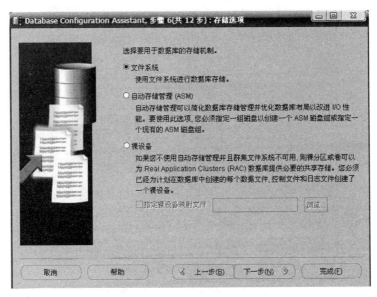

图 1.25　配置存储选项

（8）单击"下一步"按钮，打开"步骤7（共12步）：数据库文件所在位置"窗口，如图1.26
所示。可以根据服务器的特点选择是使用模板中的数据库文件位置，还是所有数据库文件
使用公共位置，当然也可以选择使用OMF管理文件。这里默认选中"使用模板中的数据库
文件位置"单选按钮。

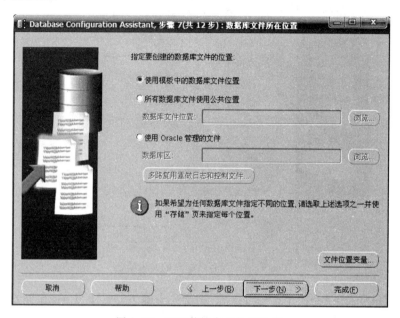

图1.26　配置数据库文件的位置

如果需要查看当前的文件位置，可以单击"文件位置变量"按钮，这时将打开如图1.27
所示的"文件位置变量"窗口，用于指定数据文件、控制文件、重做日志和数据库使用的任何
其他文件的参数化文件的位置。

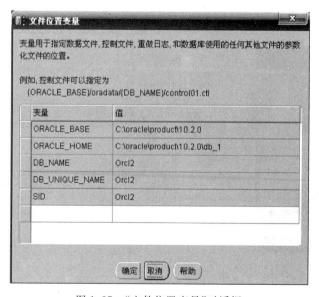

图1.27　"文件位置变量"对话框

（9）单击"下一步"按钮，打开"步骤 8（共 12 步）：恢复配置"窗口，如图 1.28 所示。此处可以设置 Oracle 数据库的备份和恢复选项。

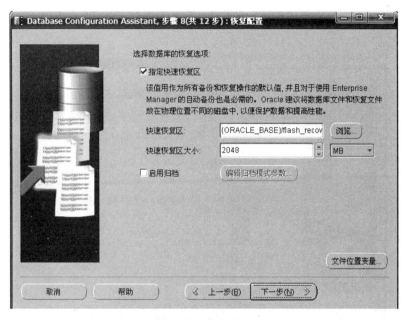

图 1.28　恢复配置

（10）单击"下一步"按钮，打开"步骤 9（共 12 步）：数据库内容"窗口，如图 1.29 所示。在"示例方案"选项卡中，可以配置是否在新数据库中安装示例方案。在"定制脚本"选项卡中，可以指定创建数据库后自动运行的 SQL 脚本，例如创建默认的表。

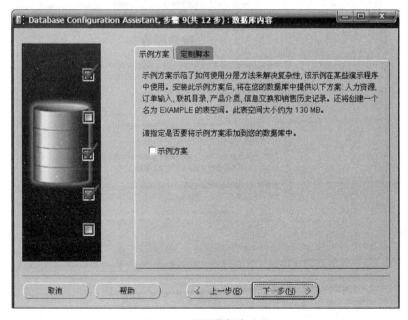

图 1.29　配置数据库内容

　　(11) 单击"下一步"按钮,打开"步骤 10(共 12 步):初始化参数"窗口,如图 1.30 所示。在该窗口中,允许 DBA 用户调整数据库的所有关键的初始化参数。该窗口包括 4 个选项卡,分别可以指定内存、数据库大小、字符集、专用服务器模式或共享服务器模式等连接模式。

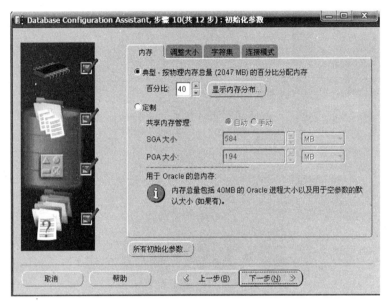

图 1.30　设置初始化参数

　　(12) 单击"下一步"按钮,打开"步骤 11(共 12 步):数据库存储"窗口,如图 1.31 所示。

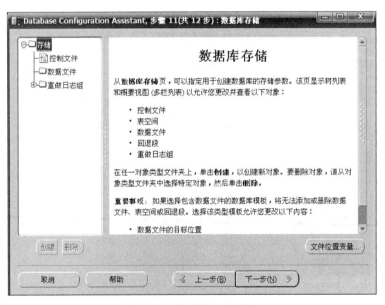

图 1.31　设置数据库存储

　　(13) 单击"下一步"按钮,打开"步骤 12(共 12 步):创建选项"窗口,如图 1.32 所示。

　　(14) 单击"完成"按钮,打开"确认"窗口,如图 1.33 所示。

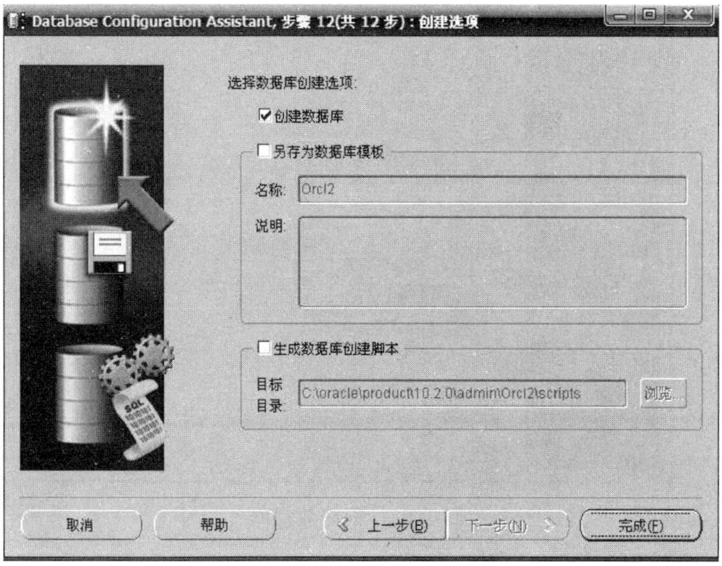

图 1.32　设置创建选项

图 1.33　"确认"窗口

（15）检查创建信息无误后，单击"确定"按钮，开始数据库的创建，并显示创建的过程和进度，如图 1.34 所示。

（16）创建完成后，将弹出创建完成窗口，如图 1.35 所示。单击"退出"按钮，完成创建数据库的过程。

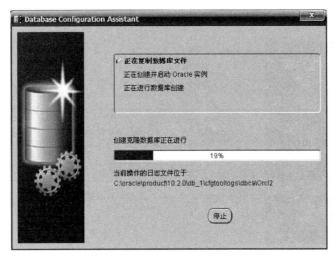

图 1.34　创建数据库

图 1.35　创建完成窗口

1.1.4　实践环节

（1）自己动手参照本节的任务 1 进行 Oracle 数据库的安装。

（2）使用数据库配置向导（DBCA）创建一个全局数据库名和 SID 均为 OracleDB 的数据库。

1.2　数据库的启动与关闭

1.2.1　核心知识

在 Windows 操作系统环境下，安装完 Oracle 10g 后，系统会创建一组 Oracle 服务，这些服务可以确保 Oracle 的正常运行。所有的 Oracle 服务名称都是以 Oracle 开头的，如图 1.36 所示。

图 1.36　Oracle 服务

- OracleDBConsoleorcl：Oracle 数据库控制台服务，orcl 是 Oracle 例程标识，默认的例程为 orcl。此服务被默认设置为自动启动。
- OracleJobSchedulerORCL：Oracle 作业调度进行服务，此服务被默认设置为已禁用。
- OracleOraDb10g_homeliSQL＊Plus：iSQL＊Plus 应用服务，默认设置为自动启动。
- OracleOraDb10g_homelTNSListener：监听器服务，服务只有在数据库需要远程访问时才需要。此服务被默认设置为自动启动。
- OracleServiceORCL：数据库服务，这个服务会自动地启动和停止数据库。此服务被默认设置为自动启动。

Oracle 服务的启动类型包括：自动、手动和已禁用。

- 自动：该服务将在服务器启动时自动运行。
- 手动：在操作系统启动后，须手动启动 Oracle 服务。
- 已禁用：表示当前服务不可用。

用户在试图连接到数据库前，必须先启动数据库。一般情况下，当在 Oracle 服务器中建立一个唯一的数据库时，该数据库会随着系统的启动而运行。启动 Oracle 数据库服务时，首先在"服务"窗口查看 Oracle 数据库服务是否已经启动，Oracle 数据库服务的名称为 Oracle<ORACLE_HOME_NAME>SID。如果它的状态显示为"已启动"，则说明数据库实例已经在正常方式下启动；反之，如果状态为空白，则说明数据库的实例尚未成功启动，这时可以通过双击 Oracle<ORACLE_ HOME_NAME>SID 服务，打开它的"属性"对话框，如图 1.37 所示。单击"启动"按钮，即可启动 Oracle 数据库服务。

图 1.37　数据库服务属性对话框

如果成功启动数据库服务，"属性"对话框中的"停止"按钮将显示为可用状态。如果想要关闭数据库，单击"停止"按钮即可。

1.2.2　能力目标

了解 Oracle 数据库中 5 个服务的作用，掌握 Oracle 数据库的启动与关闭的方法。

1.2.3　任务驱动

任务 1：查看 1.1.3 小节中任务 1 已安装的 Oracle 数据库的 5 个服务的状态，判断数据库是否已经启动，如未启动，请将其启动。

任务的解析步骤如下。

在 Windows 操作系统环境下，Oracle 数据库服务器是以系统服务的方式进行的，可以选择"控制面板"→"管理工具"→"服务"命令，打开"服务"窗口，查看服务的状态，如图 1.38 所示。

图 1.38　Windows 操作系统的"服务"窗口

在"服务"窗口中，查看以"Oracle"开头的 5 个服务。由于 OracleServiceORCL 服务处于"已启动"状态，所以 Oracle 数据库已经成功启动了。

任务 2：将任务 1 中已经启动的数据库关闭，并且为了以后节省系统资源，将 Oracle 的所有服务均改为手动。

任务的解析步骤如下。

（1）关闭数据库

选择"控制面板"→"管理工具"→"服务"命令，打开"服务"窗口，双击 OracleServiceORCL 服务，打开它的属性对话框，如图 1.37 所示。

单击"停止"按钮，即可关闭 Oracle 数据库服务。此时，服务属性对话框中的"服务状态"由"已启动"变为"已停止"，如图 1.39 所示。

（2）将 Oracle 的所有服务均改为手动

选择"控制面板"→"管理工具"→"服务"命令，打开"服务"窗口，双击 OracleServiceORCL 服务，打开它的属性对话框，选择"启动类型"下拉列表中的"手动"启动方法，并单击"确定"按钮，如图 1.40 所示。

Oracle 数据库中其他剩余的属性均按照上述方法将启动类型由"自动"改为"手动"，效果如图 1.41 所示。

图 1.39　修改服务状态

图 1.40　修改启动类型

图 1.41　所有服务的启动类型均改为手动

1.2.4　实践环节

查看 1.1.4 小节中已创建的 OracleDB 数据库的服务，判断此数据库是否已经关闭，如未关闭，请将其关闭，并将相关服务的启动类型改为"手动"。

1.3　Oracle 管理工具

1.3.1　核心知识

在安装 Oracle 数据库系统或创建数据库时，初学者通常会采用大量的默认设置。使用默认设置的优点是能够避免复杂的参数设置，并且不会因为错误的设置，而导致数据库创建失败。Oracle 安装后会自动建立几个特殊的用户，例如：SYS、SYSTEM、SCOTT 用户。

- SYS 用户的默认口令是 change_on_install，在安装过程中需要用户修改其口令。SYS 用户是 Oracle 的特权用户，拥有 Oracle 数据库的所有数据字典，可以对 Oracle 数据库做任何操作。
- SYSTEM 用户的默认口令是 manager，在安装过程中需要用户修改其口令。SYSTEM 用户是 Oracle 的管理用户，拥有某些工具相关的数据字典对象，其权限比 SYS 用户权限小，但比普通用户权限大。
- SCOTT 用户的默认口令是 tiger，是 Oracle 的普通用户，初始为 LOCK 状态。SCOTT 用户只能对自己所拥有的对象进行操作，该用户拥有 dept、emp、bonus、

salgrade 等几张表。

Oracle 为用户提供了多个管理系统的工具,例如:企业管理器(OEM)、SQL＊Plus 和 iSQL＊Plus 等。

1. 企业管理器(OEM)

Oracle 10g 企业管理器(Oracle Enterprise Manager,简称 OEM),是一个基于 Java 的框架系统,该系统集成了多个组件,为用户提供了一个功能强大的图形用户界面。OEM 将中心控制台、多个代理、公共服务以及工具合为一体,提供一个集成的综合性系统平台管理 Oracle 数据库环境。用户可以通过 Web 浏览器连接到 Oracle 数据库服务器,对 Oracle 数据库进行查看和管理。在 OEM 中,可以通过 4 个页面对 Oracle 数据库进行监测和管理,分别是主目录、性能、管理和维护。

2. SQL＊Plus

Oracle 10g 的 SQL＊Plus 是 Oracle 公司独立的 SQL 语言工具产品,"Plus"表示 Oracle 公司在标准 SQL 语言基础上进行了扩充。SQL＊Plus 是用户和服务器之间的一种接口,用户可以通过它使用 SQL 语句交互式地访问数据库。SQL＊Plus 具有免费、小巧、灵活等优秀的特点。因此,经常用作简单查询、更新数据库对象、更新数据库中的数据、调试数据库等的首选工具。SQL＊Plus 有两种模式,一种为命令行模式;另一种为 GUI 模式。这两种模式具有相同的功能,但是 GUI 模式的用户界面更加友好。常用的 SQL＊Plus 命令如表 1.3 所示。

表 1.3　常用的 SQL＊Plus 命令

命　令	描　述
@	运行指定脚本中的 SQL＊Plus 语句。可以从本地文件系统或 Web 服务器调用脚本
@@	运行脚本。此命令与@命令相似,但是它可以在调用脚本相同的目录下查找指定的脚本
/	执行 SQL 命令或 PL/SQL 块
EDIT	打开所在操作系统的文本编辑器,显示指定文件的内容或当前缓冲区中的内容
EXIT	退出 SQL＊Plus,返回操作系统界面
HELP	访问 SQL＊Plus 帮助系统
LIST	显示缓冲区中的一行或多行
RUN	显示并运行当前缓冲区中的 SQL 命令或 PL./SQL 块
SAVE	将当前缓冲区中的内容保存为脚本
SET	设置系统变量,改变当前的 SQL＊Plus 环境
SHOW	显示 SQL＊Plus 系统变量的值或当前的 SQL＊Plus 环境
SHUTDOWN	关闭当前运行的 Oracle 例程
SPOOL	将查询的结果保存到文件中,可以选择打印此文件
START	运行指定脚本中的 SQL＊Plus 语句。只能从 SQL＊Plus 工具中调用脚本
STARTUP	启动一个 Oracle 例程,可以选择将此例程连接到一个数据库

3. iSQL * Plus

iSQL * Plus 是 SQL * Plus 的 Web 版本，它们的功能基本相似。想要使用 iSQL * Plus，首先必须启动 iSQL * Plus 服务才行。

1.3.2　能力目标

了解 SYS、SYSTEM 和 SCOTT 用户的特点，掌握企业管理器（OEM）、SQL * Plus 和 iSQL * Plus 数据库管理工具的使用方法。

1.3.3　任务驱动

任务 1：使用 OEM 登录数据库进行操作。

任务的解析步骤如下。

在安装过程中，OUI 会在 <ORACLE_HOME>\install 下创建如下两个文件。

- readme. txt：记录各种 Oracle 应用程序的 URL 与端口。
- Portlist. ini：记录 Oracle 应用程序所使用的端口。

（1）打开 Windows 的浏览器 IE，在地址栏输入 http://localhost:1158/em，按回车键，出现如图 1.42 所示的登录界面。用 SYS 账户，以 SYSDBA 身份登录 Oracle 数据库。

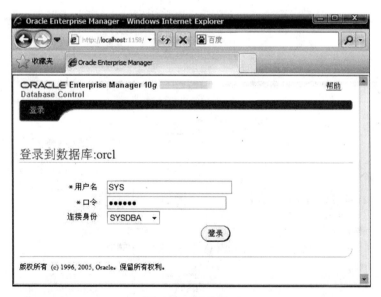

图 1.42　登录界面

（2）输入用户名和对应的口令，选择连接身份，单击"登录"按钮，如果是第 1 次使用，系统会进入 Oracle 版权页，如图 1.43 所示。

（3）单击"我同意"按钮，进入 Oracle 10g 企业管理器的主页面，如图 1.44 所示。企业管理器有 4 个选项卡，分别为：主目录、性能、管理和维护。几乎所有的管理功能都可以通过该界面来实现。

① "主目录"选项卡。在 OEM 的"主目录"选项卡中，可以查看到一般信息、主机 CPU、活动会话数、SQL 相应时间、诊断概要、空间概要、高可用性。

图 1.43　Oracle 10g 版权声明

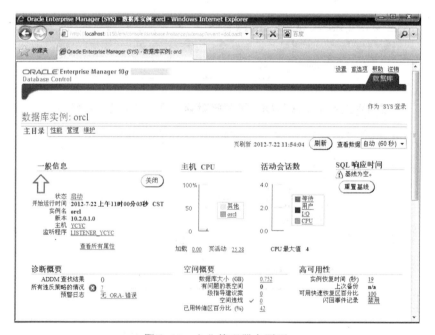

图 1.44　企业管理器主页面

- 一般信息。包括数据库实例的状态、开始运行时间、实例名、版本、主机和监听程序等。单击"主机"后面的超链接（这里为 YCYC），可以打开主机信息查看页面，如图 1.45 所示。在主机信息查看页面中，可以查看到主机的一般信息、配置信息、预警和作业活动等信息。
- 主机 CPU。可以通过图形方式查看 Oracle 数据库服务器的 CPU 情况，包括总的 CPU 利用率和当前 Oracle 实例的 CPU 利用率。当单击图形下面"加载"后面的超

链接,可以打开主机性能页面,如图 1.46 所示。在主机性能页面中,可以看到 CPU
占用率图形、内存占用率图形、磁盘 I/O 占用率图形和 CPU 利用率最大的前 10 个
进程。

图 1.45　主机信息显示

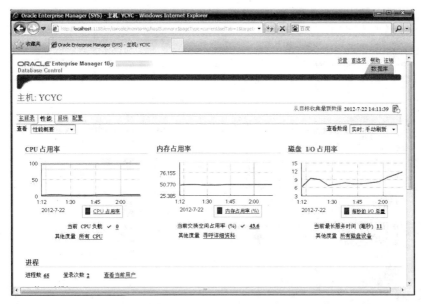

图 1.46　主机性能页面

②"性能"选项卡。单击"数据库实例:orcl"下面的"性能"标签,打开性能选项卡,如
图 1.47 所示。在"性能"选项卡中,可以通过图形方式查看主机的 CPU 利用率、平均活动
会话数、实例的磁盘 I/O 和实例吞吐量等数据。

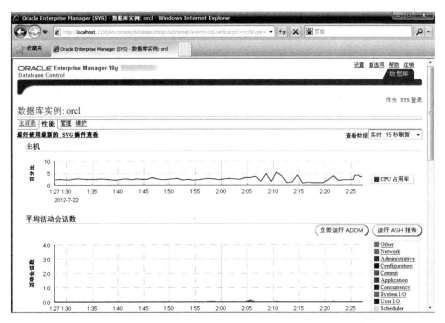

图 1.47　性能选项卡

③"管理"选项卡。单击"数据库实例：orcl"下面的"管理"标签，打开管理选项卡，如图 1.48 所示。在"管理"选项卡中，可以对 Oracle 数据库进行数据库管理、方案管理和 Enterprise Manager 管理等。

图 1.48　管理选项卡

④"维护"选项卡。单击"数据库实例：orcl"下面的"维护"标签，打开维护选项卡，如图 1.49 所示。在"维护"选项卡中，可以对 Oracle 数据库进行备份和恢复、设置备份和恢复

的参数、导入导出数据、移动数据库文件以及进行软件部署等。

图 1.49 维护选项卡

（4）可以看到，企业管理器（OEM）是一个功能强大的工具。现在可以用来管理 Oracle 数据库了。

任务 2：使用 SQL＊Plus 登录数据库进行操作。

任务的解析步骤如下。

SQL＊Plus 是 C/S 模式的客户端工具程序。用户可以在 Oracle 10g 提供的 SQL＊Plus 界面编写程序，实现数据的处理和控制，完成制作报表等多种功能。

（1）启动 SQL＊Plus

选择“开始”→“程序”→“Oracle-OraDb10g_home1”→“应用程序开发”→SQL Plus 命令，打开“登录”对话框，如图 1.50 所示。在“用户名”文本框中输入 SYSTEM，在“口令”文本框中输入对应的口令，在“主机字符串”文本框中指定要连接的数据库，例如 orcl。

单击“确定”按钮，进入 SQL＊Plus 的运行界面，如图 1.51 所示。在 SQL＊Plus 界面中显示 SQL＊Plus 界面的版本、启动时间和版权信息，并提示连接到 Oracle 10g 企业版等信息。

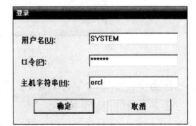

图 1.50 “登录”对话框

（2）使用 SQL＊Plus

在 SQL＊Plus 工具中，通过使用各种 SQL＊Plus 命令，可以实现格式化查询结果、打印查询结果、保存查询结果，甚至创建动态查询。在运行 SQL 语句时，配合 SQL＊Plus 命令，可以实现许多特殊的功能。例如，在 SQL＞命令提示符的后面输入 SQL 语句，实现查看学生表中所有学生的信息，如图 1.52 所示。

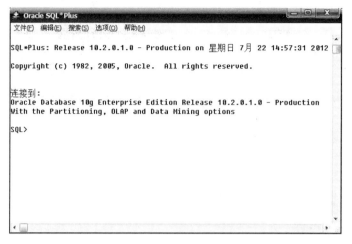

图 1.51 SQL * Plus 运行界面

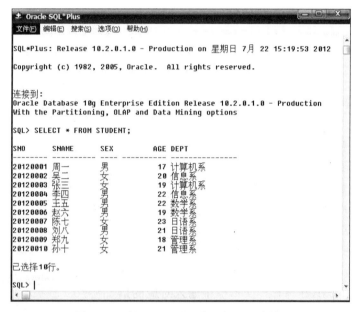

图 1.52 在 SQL * Plus 中运行 SQL 语句

任务 3：使用命令行 SQL * Plus 登录数据库进行操作。

任务的解析步骤如下。

（1）启动命令行 SQL * Plus

由于在 Oracle 安装过程中，已经将 BIN 目录置于环境变量中，所以，可以利用 Windows 的"开始"→"运行"命令，在"打开"文本框中输入

```
sqlplus SYSTEM/oracle@ orcl
```

来打开 SQL * Plus。

其中，用户名为 SYSTEM，密码为 oracle，主机字符串为 orcl。此时，打开的是命令行模式下的 SQL * Plus，如图 1.53 所示。

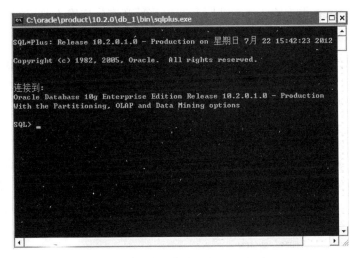

图 1.53　命令行模式下的 SQL ＊ Plus

（2）使用命令行 SQL ＊ Plus

命令行模式 SQL ＊ Plus 与 DOS 界面十分相似，只是其命令提示符为"SQL＞"。用户同样可以通过它使用 SQL 语句交互式地访问数据库。例如，在"SQL＞"命令提示符的后面输入 SQL 语句，实现查看学生表中所有学生的信息，如图 1.54 所示。

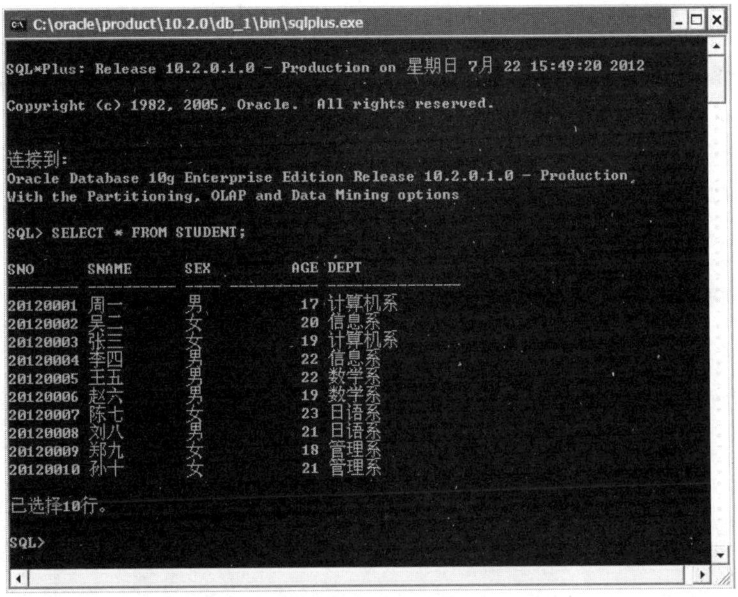

图 1.54　命令行模式下的 SQL 语句

任务 4：使用 iSQL ＊ Plus 登录数据库进行操作。

任务的解析步骤如下。

（1）启动 iSQL ＊ Plus

iSQL ＊ Plus 是 B/S 模式的客户端工具。首先需要启动 iSQL ＊ Plus 服务，在 Web 浏览器中输入下列 URL：http://localhost:5560/isqlplus，按回车键，出现如图 1.55 所示的登录

界面。在"用户名"文本框中输入 SYSTEM,在"口令"文本框中输入对应的口令,在"连接标识符"文本框中指定要连接的数据库,例如 orcl。

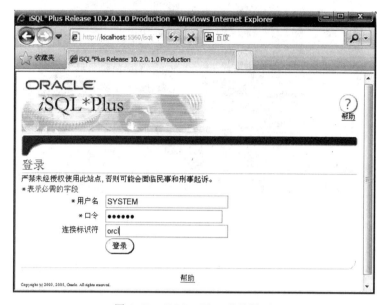

图 1.55　iSQL＊Plus 登录界面

单击"确定"按钮,进入 SQL＊Plus 的运行界面,如图 1.56 所示。

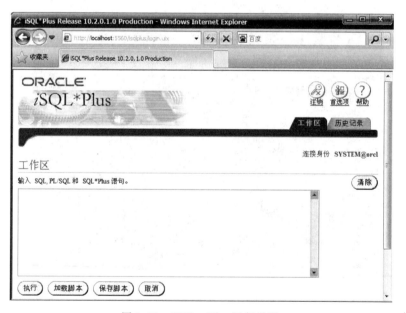

图 1.56　iSQL＊Plus 运行界面

（2）使用 iSQL＊Plus

在工作区中输入要执行的 SQL 语句,然后单击"执行"按钮,可以执行 SQL 语句。例如,在工作区中输入如下 SQL 语句：SELECT ＊ FROM STUDENT。单击"执行"按钮后,执行结果如图 1.57 所示。

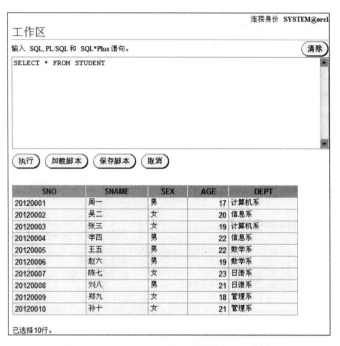

图 1.57　在 iSQL ＊ Plus 中运行 SQL 语句

1.3.4　实践环节

（1）使用 SCOTT 用户登录 OEM，熟悉主目录、性能、管理和维护四个选项卡的功能。

（2）使用 SCOTT 用户登录 SQL ＊ Plus，查看 SCOTT 用户中雇员表 EMP 和部门表 DEPT 的表中数据。

（3）使用 SCOTT 用户登录 iSQL ＊ Plus，查看 SCOTT 用户中奖金表 BONUS 和工资等级表 SALGRADE 的表结构。

1.4　Oracle 数据库的卸载

1.4.1　核心知识

要想彻底卸载 Oracle 10g 数据库，还需花费一番工夫。如果疏忽了一些步骤，就会在系统中留有安装 Oracle 数据库的痕迹，从而占用系统资源或者影响系统的运行。

Oracle 10g 的卸载步骤如下。

（1）用 Universal Installer 卸载所有 Oracle 产品。

（2）将注册表中所有 Oracle 入口删除。

（3）删除 Oracle 目录。

1.4.2　能力目标

掌握 Oracle 数据库的卸载步骤。

1.4.3 任务驱动

任务：卸载 Oracle 10g 数据库。

任务的解析步骤如下。

（1）在"服务"窗口停止 Oracle 的所有服务。

（2）在"开始"菜单中依次选择"程序"→"Oracle-OraDB10g_home1"→Oracle Installation Products→Universal Installer 命令，打开 Oracle Universal Installer(OUI)窗口，如图 1.58 所示。

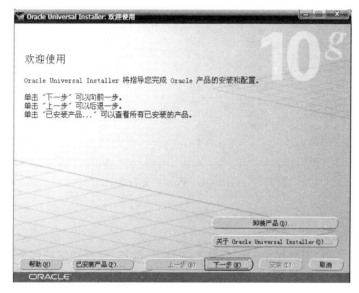

图 1.58　Oracle Universal Installer(OUI)窗口

（3）单击"卸载产品"按钮，打开"产品清单"窗口，如图 1.59 所示。

图 1.59　"产品清单"窗口

（4）选中要删除的 Oracle 产品，单击"删除"按钮，打开确认删除窗口，如图 1.60 所示。

（5）单击"是"按钮，开始删除 Oracle 产品，如图 1.61 所示。

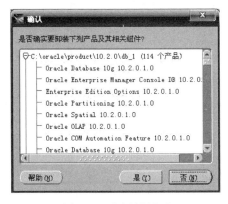

图 1.60　"确认"界面

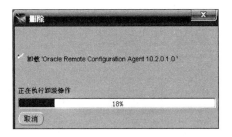

图 1.61　"删除"界面

（6）卸载完毕后，Oracle 在产品清单中消失，如图 1.62 所示。

图 1.62　卸载后的产品清单

（7）运行 regedit 命令，打开注册表窗口，如图 1.63 所示。删除注册表中与 Oracle 相关的内容。

- 删除 HKEY_LOCAL_MACHINE/SOFTWARE/ORACLE 目录。
- 删除 HKEY_LOCAL_MACHINE/SOFTWARE/ODBC/ODBCINST.INI 中除 Microsoft ODBC for Oracle 注册表键以外的所有含有 Oracle 的键。
- 删除 HKEY_LOCAL_MACHINE/SYSTEM/CurrentControlSet/Services 中所有以 Oracle 或 OraWeb 开头的键。
- 删除 HKEY_LOCAL_MACHINE/SYSTEM/CurrentControlSet/Services/Eventlog/Application 中所有以 Oracle 开头的键。

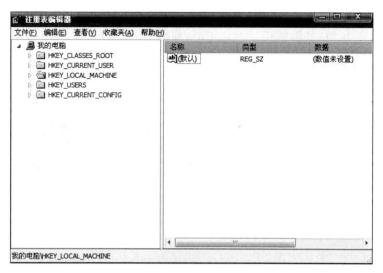

图 1.63 "注册表编辑器"界面

- 删除 HKEY_CLASSES_ROOT 目录下所有以 Ora、Oracle、Orcl 或 Enumora 为前缀的键。
- 删除 HKEY_CURRENT_USER/Software/Microsoft/Windows/CurrentVersion/Explorer/MenuOrder/StartMenu/Programs 中所有以 oracle 开头的键。

说明：其中有些注册表项可能已经在卸载 Oracle 产品时被删除。

（8）删除环境变量中的 PATH 和 CLASSPATH 中包含 Oracle 的值。

（9）删除"开始"按钮"程序"菜单中所有 Oracle 的组和图标。

（10）删除所有与 Oracle 相关的目录。将安装路径下和操作系统目录下的 Oracle 目录删除，这时并不能完全删除；重新启动计算机后，才能完全删除 Oracle 目录。

至此，Oracle 10g 数据库完全卸载完毕。

1.4.4 实践环节

将 1.1.4 小节中自己动手安装的 Oracle 数据库进行卸载。

1.5 小 结

- 可以通过基本安装和高级安装两种方式安装 Oracle 数据库，也可以使用 Database Configuration Assistant 工具来创建新的数据库。
- 在 Windows 操作系统环境下，安装完 Oracle 10g 后，系统会创建一组 Oracle 服务，这些服务可以确保 Oracle 的正常运行。所有的 Oracle 服务名称都是以 Oracle 开头的。
- Oracle 安装后会自动建立 SYS、SYSTEM、SCOTT 等几个特殊的用户。SYS 用户是 Oracle 的特权用户，SYSTEM 用户是 Oracle 的管理用户，SCOTT 用户是 Oracle 的普通用户。

- Oracle 10g 企业管理器（Oracle Enterprise Manager，OEM），是一个基于 java 的框架系统，该系统集成了多个组件，为用户提供了一个功能强大的图形用户界面。
- SQL * Plus 是用户和服务器之间的一种接口，用户可以通过它使用 SQL 语句交互式地访问数据库。SQL * Plus 有两种模式，一种为命令行模式；另一种为 GUI 模式。
- iSQL * Plus 是 B/S 模式的客户端工具。iSQL * Plus 是 SQL * Plus 的 Web 版本，它们的功能基本相似。
- 完全卸载 Oracle 10g 数据库是一项比较烦琐的工作，首先利用 Oracle 自带的卸载工具卸载所有 Oracle 产品，然后在注册表中删除所有和 Oracle 相关的信息，最后在磁盘中删除 Oracle 的相关目录。

习　题　1

1. Oracle 创建完一个新实例后，会自动创建多个用户，以下不属于 Oracle 自动创建的用户为（　　）。

    A. SYS　　　　　　B. SYSTEM　　　　　　C. DBA　　　　　　D. SCOTT

2. SCOTT 用户的默认密码为（　　）。

    A. oracle　　　　　B. change_on_install　　C. tiger　　　　　D. manager

3. 简述 Oracle 管理工具 SQL * Plus 和 iSQL * Plus 的区别。

4. 简述 Oracle 数据库的卸载步骤。

5. 使用数据库配置向导（DBCA）创建一个全局数据库名和 SID 均为 OracleYJT 的数据库。

6. 查看 OracleYJT 数据库的服务，判断此数据库是否已经关闭，如未关闭，请将其关闭，并将相关服务的启动类型改为"手动"。

7. 使用 SYSTEM 用户分别登录 SQL * Plus 和 iSQL * Plus，查看已有的课程表 COURSE 和选课表 SC 的表结构及数据信息。

Oracle 数据库体系结构

• • • • • •

主要内容

- 物理存储结构
- 逻辑存储结构
- 内存结构
- 进程结构
- 数据库例程

本章将学习 Oracle 数据库的体系结构,主要包括物理存储结构、逻辑存储结构、内存结构、进程结构和数据库例程。通过对 Oracle 数据库体系结构的了解,更好地掌握 SQL 的运行原理,从而对数据库管理和维护奠定一定的基础。

2.1　物理存储结构

 核心知识

数据库体系结构是从某一角度来分析数据库的组成和工作过程,以及数据库如何管理和组织数据的。因此,在开始对 Oracle 进行操作之前,需要理解 Oracle 数据库的体系结构。Oracle 数据库的体系结构主要包括物理存储结构、逻辑存储结构、内存结构和进程结构 4 个部分。

Oracle 数据库的物理存储结构主要包括三大类文件:控制文件、重做日志文件和数据文件。

(1) 控制文件是一个较小的二进制文件,用于描述数据库结构。主要的描述信息包括以下方面。

① 数据库建立的日期。

② 数据库名。

③ 数据库中所有数据文件和重做日志文件的文件名及路径。

④ 恢复数据库时所需的同步信息。

在 oradata 文件夹下有 3 个控制文件,分别是:CONTROL01.CTL、CONTROL02.CTL 和 CONTROL03.CTL。控制文件以.CTL 后缀结尾。这 3 个文件都进行了特殊的加密处理,所以不能直接打开。3 个文件的内容完全相同,在数据库打开时,首先找到的就是控制文件,如果控制文件被损坏,数据库将无法正常运行。

(2) 重做日志文件记录所有对数据库数据的修改,以备恢复数据库时使用,其特点如下。

① 每一个数据库至少包含两个重做日志文件组。

② 重做日志文件以循环方式进行写操作。

③ 每一个重做日志文件成员对应一个物理文件。

数据库中的重做日志文件就是专门记录用户对数据库的所有修改,一旦数据库出现问题(如数据库服务器死机或突然断电),可以通过重做日志文件将数据库恢复到一个正确的状态。

在 oradata 文件夹下有 3 个重做日志文件,分别是:REDO01. LOG、REDO02. LOG 和 REDO03. LOG。它们是作为一个重做日志文件组出现的。重做日志文件以. LOG 后缀结尾。文件初始化大小为 50MB。这 3 个文件也都经过了特殊的加密处理,所以不能直接打开。重做日志文件的工作原理如图 2.1 所示。

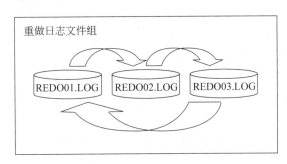

图 2.1　重做日志文件工作原理图

说明:重做日志文件以循环方式进行写操作。当第一个日志文件内容达到 50MB 大小后,即写满时,数据库管理系统会自动将日志文件切换到第二个日志文件;当第二个日志文件写满时,切换到第三个日志文件;当第三个日志文件写满后,系统会重新切换到第一个日志文件进行写操作。

(3) 数据文件是物理存储 Oracle 数据库数据的文件。包括两部分内容:用户数据和系统数据。用户数据是用来存放用户对象(表或者索引等),而系统数据则主要是指数据字典中的数据。一个 Oracle 数据库一般会包含多个数据文件。

数据文件可以分为系统数据文件、临时数据文件、回退数据文件和用户数据文件等。分别对应 oradata 文件夹下的 SYSTEM01. DBF、TEMP01. DBF、UNDOTBS01. DBF 和 USERS01. DBF。数据文件都是以. DBF 后缀结尾。

(4) 其他文件。

在 Oracle 物理存储结构中主要包括上述三大类文件,这三大类文件缺一不可,少了任意一个,都会造成数据库启动失败。除了三大类文件,还包含初始化参数文件、口令文件、归档日志文件等物理文件。

① 初始化参数文件是在数据库启动和数据库性能调优时使用,记录了数据库各参数的值。该文件在 admin\orcl\pfile 文件夹下,是以 init. ora 为前缀的文件。

② 口令文件是为了使用操作系统认证 Oracle 用户而设置的。该文件存放在 db_1\

database 文件夹下,名称为 PWDorcl.ora。

③ 归档日志文件只有在数据库运行在归档方式时才有,是由 ARCH 归档进程将写满的重做日志文件拷贝到指定的存储设备时产生的。

2.1.2 能力目标

掌握 Oracle 数据库物理存储结构的组成,了解控制文件、重做日志文件和数据文件的作用。

2.1.3 任务驱动

任务 1:查看 Oracle 数据库安装后的目录结构,确定控制文件、重做日志文件和数据文件的存储位置。

任务的解析步骤如下。

(1) Oracle 数据库安装后的目录结构如图 2.2 所示。

- 在 admin 目录下,每个数据库都有一个以数据库名称命名的子目录,即 DB_NAME 目录(如 orcl)。这个目录下的几个子目录分别用于保存后台进程跟踪文件(bdump)、发生崩溃时操作系统进程用来写入的内核转储文件(cdump)、数据库创建文件(create)、初始化参数文件(pfile)和用户进程生成的任何跟踪文件(udump)。
- 在 db_1 目录下,主要包含 Oracle 软件运行有关的子目录和网络文件以及选定的组件等。
- 在 flash_recovery_area 目录下,主要存储并管理与备份和恢复有关的文件,如控制文件、联机重做日志副本、归档日志、闪回日志以及 Oracle 数据库恢复管理器(RMAN)备份等。
- 在 oradata 目录下,每个数据库都有一个以数据库名称命名的子目录,即 DB_NAME 目录(如 orcl)。该数据库的控制文件(.CTL)、重做日志文件(.LOG)和数据文件(.DBF)等存储在该目录中。

(2) 在数据库实例 oradata\orcl 文件夹中,存储了数据库的数据文件.DBF、控制文件.CTL、重做日志文件.LOG,如图 2.3 所示。

名称 ▲	大小	类型	修改日期
CONTROL01.CTL	2,800 KB	CTL 文件	2005-2-11 8:14
CONTROL02.CTL	2,800 KB	CTL 文件	2005-2-11 8:14
CONTROL03.CTL	2,800 KB	CTL 文件	2005-2-11 8:14
REDO01.LOG	10,241 KB	文本文档	2005-2-11 8:13
REDO02.LOG	10,241 KB	文本文档	2005-2-11 8:13
REDO03.LOG	10,241 KB	文本文档	2005-2-11 8:13
SYSAUX01.DBF	215,048 KB	DBF 文件	2005-2-11 9:00
SYSTEM01.DBF	450,568 KB	DBF 文件	2005-2-11 8:14
TEMP01.DBF	20,488 KB	DBF 文件	2005-2-10 0:57
UNDOTBS01.DBF	25,608 KB	DBF 文件	2005-2-11 8:14
USERS01.DBF	5,128 KB	DBF 文件	2005-2-11 8:14

图 2.2 Oracle 安装后的目录结构

图 2.3 oradata\orcl 文件夹

任务 2:在 SQL * Plus 中,查询数据文件的名称和存放路径,以及该数据文件的标识和大小。

(1) 任务的解析步骤

① 数据字典 DBA_DATA_FILES 描述了数据文件的名称、标识、大小以及对应的表空

间信息等。可以使用命令 DESC 查询该数据字典的结构,如图 2.4 所示。

```
SQL> DESC DBA_DATA_FILES
 名称                                      是否为空? 类型
 ----------------------------------------- -------- -------------
 FILE_NAME                                          VARCHAR2(513)
 FILE_ID                                            NUMBER
 TABLESPACE_NAME                                    VARCHAR2(30)
 BYTES                                              NUMBER
 BLOCKS                                             NUMBER
 STATUS                                             VARCHAR2(9)
 RELATIVE_FNO                                       NUMBER
 AUTOEXTENSIBLE                                     VARCHAR2(3)
 MAXBYTES                                           NUMBER
 MAXBLOCKS                                          NUMBER
 INCREMENT_BY                                       NUMBER
 USER_BYTES                                         NUMBER
 USER_BLOCKS                                        NUMBER
 ONLINE_STATUS                                      VARCHAR2(7)

SQL>
```

图 2.4 数据字典 DBA_DATA_FILES 的结构

其中,FILE_NAME 为数据文件的名称及存放路径;FILE_ID 为该文件在数据库中的 ID 号;TABLESPACE_NAME 为该数据文件对应的表空间名;BYTES 为该数据文件的大小;BLOCKS 为该数据文件所占用的数据块数。

② 通过查询数据字典 DBA_DATA_FILES,可以了解数据文件的基本信息。

(2) 源程序的实现

```
SELECT file_name,file_id,bytes FROM dba_data_files;
```

程序运行效果如图 2.5 所示。

任务 3:在 SQL * Plus 中,查询当前使用的日志文件组的编号、大小、日志成员数和状态。

(1) 任务的解析步骤

① 数据字典 v$log 记录了当前日志的使用信息,可以使用命令 DESC 查询该数据字典的结构,如图 2.6 所示。

图 2.5 查询数据文件的基本信息   图 2.6 数据字典 v$log 的结构

其中,GROUP# 为日志文件组的编号;BYTES 为日志文件组的大小;MEMBERS 为该组所包含的日志成员数;STATUS 为日志文件组的状态,当其值为 CURRENT 时,表示该组为系统正在使用的日志文件组。

② 通过查询数据字典 v$log,可以了解当前日志文件组的基本信息。

(2) 源程序的实现

```
SELECT group#,bytes,members,status FROM v$log;
```

程序运行效果如图 2.-7 所示。

任务 4：在 SQL * Plus 中，查询控制文件的名称及存储路径。

（1）任务的解析步骤

① 数据字典 V $ CONTROLFILE 记录了实例中所有控制文件的名字及状态信息。

② 通过查询数据字典 V $ CONTROLFILEV $ CONTROLFILE，可以了解控制文件的基本信息。

（2）源程序的实现

```
SELECT name FROM v$ controlfile;
```

程序运行效果如图 2.8 所示。

```
GROUP#    BYTES   MEMBERS STATUS
------  --------- ------- --------
     1  52428800        1 CURRENT
     2  52428800        1 INACTIVE
     3  52428800        1 INACTIVE
```

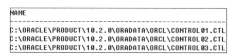

图 2.7　查询当前日志文件组的基本信息　　　　图 2.8　查询控制文件信息

2.1.4　实践环节

（1）查看自己电脑中 Oracle 数据库安装后的目录结构，确定控制文件、重做日志文件和数据文件的存储位置。

（2）使用自己的电脑，在 SQL * Plus 中分别查询数据文件、重做日志文件和控制文件的基本信息。

（3）思考：重做日志文件以循环方式进行写操作，它是否可以恢复数据库到任意一个时间点呢？

2.2　逻辑存储结构

2.2.1　核心知识

Oracle 数据库管理系统没有像其他数据库管理系统那样直接操作数据文件，而是引入了一组逻辑存储结构。逻辑存储结构由表空间、段、区和 Oracle 块组成。

引入逻辑存储结构的目的主要有：增强 Oracle 数据库的可移植性，降低 Oracle 数据库使用者的操作难度，增加数据的使用安全性。

（1）表空间（Tablespace）是 Oracle 数据库最大的逻辑结构，一个 Oracle 数据库在逻辑上由多个表空间组成，一个表空间只隶属于一个数据库。表空间在物理上包含一个或多个数据文件。Oracle 数据库中表空间的个数决定了数据文件的最小个数。

（2）段是比表空间小的下一级逻辑结构。段使用数据文件中的磁盘空间。Oracle 中为了方便数据的管理和维护，提供了多种不同类型的段，它们主要包括以下几种。

① 表：也称之为数据段。表段中存储的数据是无序的。Oracle 要求一个表中的所有数据必须放在同一个表空间下。

② 索引：可以提高数据的查询速度。当在 Oracle 数据库中创建一个表并指定一个字

段为 PRIMARY KEY 或者使用 CREATE INDEX 时,系统自动建立相应的索引段。

③ 临时段：主要存储临时性的数据。在执行 SQL 或者 PL/SQL 中如果使用了 ORDER BY、GROUP BY 或者 DISTINCT 等关键字时,系统会在内存中进行排序。如果内存排序不下时,需要把中间的结果写到临时段。

④ 还原段：用来存放事务对数据库的改变。在对数据库中数据或者索引进行改变时,所有的原始值都存放在还原段中。

⑤ 系统引导段：也称为高速缓存段,是数据库创建时由 SQL.BSQ 脚本建立的。该段在打开数据库时自动初始化数据字典高速缓存,无须管理员来维护。

（3）区是由一组连续的 Oracle 数据块组成。一个段由若干个区组成,当创建一个段时（如创建一个表时）,系统会在相应的表空间中找到空闲区（Free Extent）为该段分配空间。当这个段释放或者销毁时,这些释放的区会被添加到所在表空间的空闲区中,以便再次分配和使用。

（4）Oracle 块是 Oracle 数据库中最小的存储单元。Oracle 块是输入或输出的最小单位,一般由一个或多个操作系统块组成。其大小由初始化参数文件中的 DB_BLOCK_SIZE 参数设定。

2.2.2 能力目标

掌握 Oracle 数据库逻辑存储结构的组成,了解表空间、段、区和 Oracle 块的特点与作用。

2.2.3 任务驱动

任务：从"数据文件、操作系统物理块、数据库、表空间、段、区、Oracle 块"中,选择合适的元素将下列逻辑结构和物理结构之间的转换关系图填充完整,如图 2.9 所示。

（1）任务的解析步骤

① 一个 Oracle 数据库在逻辑上由多个表空间组成,一个表空间只隶属于一个数据库。

② 表空间是 Oracle 数据库最大的逻辑结构,表空间在物理上包含一个或多个数据文件。

③ 段是比表空间小的下一级逻辑结构。

④ 一个段由若干个区组成,区又是由一组连续的 Oracle 数据块组成。

⑤ Oracle 块是 Oracle 数据库中最小的存储单元。Oracle 块是输入或输出的最小单位,一般由一个或多个操作系统块组成。

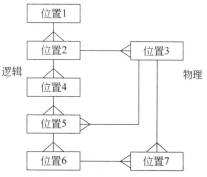

图 2.9 逻辑结构和物理结构之间的转换关系图

（2）任务的实现

根据各元素之间的关系,填写信息如下。

位置 1：数据库　　　　　　　　　位置 2：表空间

位置 3：数据文件　　　　　　　　位置 4：段

位置 5：区　　　　　　　　　　　位置 6：Oracle 块

位置 7：操作系统物理块

2.2.4 实践环节

根据逻辑结构中各元素之间的关系，自己动手尝试画出 Oracle 数据库的逻辑结构关系图。

2.3 内 存 结 构

2.3.1 核心知识

Oracle 中使用的主要内存结构有两个，分别是系统全局区 SGA(System Global Area)和程序全局区 PGA(Program Global Area)。

(1) 系统全局区的数据被多个用户共享。当数据库启动时，系统全局区内存被自动分配。它主要包含以下几个内存结构：共享池(Shared Pool)、数据库高速缓冲区(Database Buffer Cache)、重做日志缓冲区(Redo Log Buffer)和其他的一些结构等。

① 共享池是由库高速缓存(Library Cache)和数据字典高速缓存(Data Dictionary Cache)两部分所组成。系统将 SQL(也可能是 PL/SQL)语句的正文和编译后的代码以及执行计划都放在共享池的库高速缓存中。在进行编译时，系统首先会在共享池中搜索是否有相同的 SQL 或 PL/SQL 语句(正文)，如果有就不进行任何后续的编译处理，而是直接使用已存在的编译后的代码和执行计划。当 Oracle 在执行 SQL 语句时，将把数据文件、表、索引、列、用户和其他的数据对象的定义和权限的信息放入数据字典高速缓存。

② 数据库高速缓冲区主要目的是缓存操作的数据，从而减少系统读取磁盘的次数。

③ 重做日志缓冲区主要目的就是数据的恢复。Oracle 系统在使用任何 DML 或 DDL 操作时，会先把该操作的信息写入重做日志缓冲区中，之后才对数据高速缓冲区的内容进行修改。

(2) 程序全局区是包含单个用户或服务器数据的控制信息的内存区域。是在用户进程连接到 Oracle 数据库并创建一个会话时，由 Oracle 自动分配的。PGA 是非共享区，主要用于在编程时存储变量与数组。会话结束时，PGA 释放。

2.3.2 能力目标

掌握 Oracle 数据库内存结构的组成，了解系统全局区和程序全局区的区别。

2.3.3 任务驱动

任务：在初始化参数文件中查看系统全局区 SGA 的数据缓冲区中数据块的大小设置及一次连续读操作能获取的最大块数。

(1) 任务的解析步骤

① 首先找到初始化参数文件所在的位置。

② 以记事本的方式打开初始化参数文件。

③ 在文件中查找决定数据块大小的参数 db_block_size。

④ 在文件中查找在 table scan 中决定一次连续读操作能获取的最大块数的参数 db_

file_multiblock_read_count。

（2）任务的实现

初始化参数文件在数据库启动和数据库性能调优时使用，记录了数据库各参数的值。该文件在 admin\orcl\pfile 文件夹下，是以 init.ora 为前缀的文件。

以记事本的方式打开初始化参数文件，可以查看到相关参数的设置情况，如图 2.10 所示。

图 2.10　数据缓冲区相关参数设置

2.3.4　实践环节

（1）确定自己电脑中初始化参数所在的位置，查看数据缓冲区中数据块的相关参数设置情况。

（2）思考：数据块的大小设置是否可以随意更改？

2.4　进程结构

2.4.1　核心知识

Oracle 系统中的进程分为以下三类：用户进程、服务器进程和后台进程。

（1）用户进程：当用户在客户端使用应用程序或者 Oracle 工具程序通过网络访问 Oracle 服务器时，客户端会为应用程序分配用户进程。用户进程为该用户单独服务，用户进程不能直接访问数据库。

（2）服务器进程：当用户使用正确的用户名和密码登录成功时，Oracle 系统会在服务器上为该用户创建一个服务器进程。用户进程向服务器进程发请求，服务器进程对数据库进行实际的操作并把所得的结果返回给用户进程。

（3）后台进程：Oracle 数据库的后台进程主要有 5 个，它们分别是系统监控进程（SMON）、进程监控进程（PMON）、数据库写进程（DBWR）、重做日志写进程（LGWR）和检查点进程（CKPT）。这 5 个进程是必需的，即任何一个没有启动，Oracle 将自动关闭。

- 系统监控进程负责在 Oracle 启动时执行数据库恢复，并负责清理不再使用的临时段。
- 进程监督进程负责进程的清理工作。主要工作包括：回滚用户当前的事务，释放用户所加的所有表一级和行一级的锁，释放用户所有的其他资源等。
- 数据库写进程负责将数据库高速缓冲区的脏缓冲区中的数据写到数据文件上。
- 重做日志写进程负责将重做日志缓冲区的记录按顺序地写到重做日志文件中。
- 检查点进程用来减少执行 Oracle 恢复所需的时间。引入校验点就是为了提高系统的效率。因为所有到校验点为止的变化了的数据都已写到了数据文件中，这部分数据不用再恢复。

2.4.2　能力目标

掌握 Oracle 数据库中用户进程、服务器进程和后台进程的作用与联系，了解 Oracle 后台进程的组成。

2.4.3 任务驱动

任务：查看数据库实例的进程信息。

（1）任务的解析步骤

① 通过 Oracle 提供的 Windows 管理助手，可以很方便地了解数据库实例的各个进程运行情况。

② 在 Windows 管理助手的树状目录中找到想要的数据库实例，右击鼠标，选择"进程信息"命令，即可列出该数据库实例的进程信息。

（2）任务的实现

打开 Windows 管理助手的方法为：选择"Oracle-OraDB10g_home1"→"配置和移植工具"→Oracle Administration Assistant for Windows 命令，在 Windows 管理助手的树状目录中找到想要的数据库实例，如图 2.11 所示。

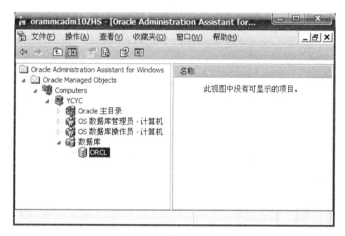

图 2.11　Windows 管理助手

在数据库实例 ORCL 上右击鼠标，选择"进程信息"命令后，将看到一个列出该数据库实例的进程信息窗口，如图 2.12 所示。

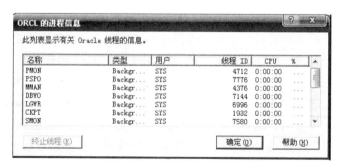

图 2.12　实例的进程信息

2.4.4 实践环节

查看自己计算机中 Oracle 数据库实例的进程信息，观察哪些是后台进程，哪些是服务器进程,哪些是用户进程。

2.5　数据库例程

2.5.1　核心知识

每一个运行的 Oracle 数据库都对应一个 Oracle 例程(Instance),也可以称为实例。它是一种访问数据库的机制,由系统全局区和一些后台进程组成。

一个数据库可以由多个实例打开,但任何时刻一个实例只能打开一个数据库。多个实例可以同时运行在同一个机器上,它们彼此访问各自独立的物理数据库。

当实例启动之后,Oracle 会把这个实例以及其对应的物理数据库关联起来,这个过程称为"加载"(Mounting)。这个时候数据库将处于准备打开的状态,数据库在打开之后只有管理员才能够将其关闭,普通用户是无权关闭数据库的。

2.5.2　能力目标

掌握 Oracle 数据库例程的组成,了解 Oracle 例程的启动与关闭方法。

2.5.3　任务驱动

任务:例程的启动与关闭。

(1) 任务的解析步骤

① 在 SQL * Plus 中,可以使用 STARTUP 命令启动数据库例程,这条命令只有 SYS 用户才可以执行。

② 在 SQL * Plus 中,可以使用 SHUTDOWN 命令关闭数据库例程,这条命令也只有 SYS 用户才可以执行。

(2) 任务的实现

启动数据库例程的命令为 STARTUP,执行 STARTUP 命令时,显示的信息如图 2.13 所示。

关闭数据库例程的命令为 SHUTDOWN,执行 SHUTDOWN 命令时,显示的信息如图 2.14 所示。

```
SQL> STARTUP
ORACLE 例程已经启动。

Total System Global Area    612368384 bytes
Fixed Size                    1250428 bytes
Variable Size               201329540 bytes
Database Buffers            402653184 bytes
Redo Buffers                  7135232 bytes
数据库装载完毕。
数据库已经打开。
```

图 2.13　例程的启动

```
SQL> SHUTDOWN
数据库已经关闭。
已经卸载数据库。
ORACLE 例程已经关闭。
```

图 2.14　例程的关闭

2.5.4　实践环节

尝试在自己的计算机中,启动和关闭数据库例程,并观察运行结果。

2.6 小　结

- Oracle 数据库的体系结构主要包括物理存储结构、逻辑存储结构、内存结构和进程结构四个部分。
- 物理存储结构主要包括三大类文件：控制文件、重做日志文件和数据文件。
- 逻辑存储结构由表空间、段、区和 Oracle 块组成。
- Oracle 中使用的主要内存结构有两个，分别是系统全局区 SGA 和程序全局区 PGA。
- Oracle 系统中的进程分为三类：用户进程、服务器进程和后台进程。
- Oracle 例程由程序全局区 SGA 和后台进程共同组成。

习　题　2

1. 下列不属于 Oracle 数据库物理结构包括的文件的是(　　)。
   A. 控制文件　　　　B. 重做日志文件　　　　C. 数据文件　　　　D. 安装文件
2. 下列关于控制文件描述错误的是(　　)。
   A. 控制文件是以 .CTL 结尾的文件
   B. 控制文件是一个较小的二进制文件
   C. 在创建数据库时，默认产生 3 个控制文件，这 3 个文件内容相同
   D. 控制文件可有可无
3. Oracle 数据库中的数据文件是以什么后缀结尾的？(　　)
   A. .DBF　　　　　B. .CTL　　　　　C. .EXE　　　　　D. .PDF
4. 下列哪一项是 Oracle 数据库中最小的存储分配单元？(　　)
   A. 表空间　　　　B. 段　　　　　　C. 区　　　　　　D. Oracle 块
5. 下列有关 Oracle 数据库逻辑结构描述正确的是(　　)。
   A. 表空间由段组成，段由区组成，区由 Oracle 块组成
   B. 段由表空间组成，表空间由区组成，区由 Oracle 块组成
   C. 区由 Oracle 块组成，Oracle 块由段组成，段由表空间组成
   D. Oracle 块由段组成，段由区组成，区由表空间组成
6. 在系统全局区 SGA 中，哪部分内存区域可以用来做数据的恢复？(　　)。
   A. 数据缓冲区　　B. 日志缓冲区　　　　C. 共享池　　　　D. 大池
7. 下面选项中不是后台进程的是(　　)。
   A. 数据库写进程　　　　　　　　　　B. 重做日志写进程
   C. 检查点进程　　　　　　　　　　　D. 服务器进程
8. 简述 Oracle 数据库逻辑结构和物理结构的关系。
9. 简述 Oracle 服务器进程的工作流程。
10. 简述 SGA 和 PGA 的区别。

第 **3** 章

PL/SQL 概述

主要内容

- PL/SQL 程序设计简介
- PL/SQL 块结构
- PL/SQL 变量
- PL/SQL 运算符和函数
- PL/SQL 条件结构
- PL/SQL 循环结构

本章将学习 PL/SQL 的特点和优点；PL/SQL 块的基本结构；PL/SQL 程序中变量的定义；数据类型以及变量的赋值方法；PL/SQL 程序中的流程控制结构，如条件语句(IF 语句和 CASE 语句)，循环语句(简单循环、WHILE 循环和 FOR 循环)。

3.1　PL/SQL 程序设计简介

3.1.1　核心知识

PL/SQL 是一种高级数据库程序设计语言,该语言专门用于在各种环境下对 Oracle 数据库进行访问。由于该语言集成于数据库服务器中,所以 PL/SQL 代码可以对数据进行快速高效的处理。

1. 什么是 PL/SQL

PL/SQL 是 Procedure Language & Structured Query Language 的缩写。从名字中能够看出 PL/SQL 包含了两类语句：过程化语句和 SQL 语句。它与 C、Java 等语言一样关注于处理细节,因此可以用来实现比较复杂的业务逻辑。

PL/SQL 通过增加用在其他过程性语言中的结构来对 SQL 进行了扩展,把 SQL 语言的易用性、灵活性同过程化结构融合在一起。

2. PL/SQL 优点

(1) 提高应用程序的运行性能

在编写数据库应用程序时,开发人员可以直接将 PL/SQL 块内嵌到应用程序中。PL/SQL 将整个语句块发给服务器,这个过程在单次调用中完成,降低了网络拥挤。而如果不使用 PL/SQL，每条 SQL 语句都有单独的传输交互，在网络环境下占用大量的服务器时间，同时导致网络拥挤。简易效果图如图 3.1 所示。

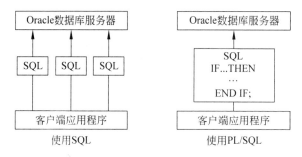

图 3.1 客户机/服务器环境中的 PL/SQL

（2）可重用性

PL/SQL 能运行在任何 Oracle 环境中（不论它的操作系统和平台），在其他 Oracle 能够运行的操作系统上，无须修改代码。

（3）模块化

每个 PL/SQL 单元可以包含一个或多个程序块，程序中的每一块都实现一个逻辑操作，从而把不同的任务进行分割，由不同的块来实现，块之间可以是独立的或是嵌套的。这样一个复杂的业务就可以分解为多个易管理、明确的逻辑模块，使程序的性能得到优化，程序的可读性更好。

3. PL/SQL 块结构

PL/SQL 程序的基本结构是块。所有的 PL/SQL 程序都是由块组成的，一般由三部分组成：声明部分、可执行部分和错误处理部分。

PL/SQL 的块结构如下所示。

```
[DECLARE]
/* 声明部分          --这部分包括 PL/SQL 变量、常量、游标、用户自定义异常等的定义 */
BEGIN
/* 可执行部分        --这部分包括 SQL 语句及过程化的语句,这部分是程序的主体 */
[EXCEPTION]
/* 错误处理部分       --这部分包括错误处理语句 */
END;
```

在上面的块结构中，只有可执行部分是必需的，声明部分和错误处理部分都是可选的。块结构中的执行部分至少要有一个可执行语句。

PL/SQL 块可以嵌套使用，对块的嵌套层数没有限制。

嵌套块结构如下所示。

```
[DECLARE]
    ⋮                      /* 说明部分 */
BEGIN
    ⋮                      /* 主块的语句执行部分 */
    BEGIN
        ⋮                  /* 子块的语句执行部分 */
```

```
        [EXCEPTION]
            ⋮                      /＊子块的出错处理程序＊/
        END;
[EXCEPTION]
    ⋮                              /＊主块的出错处理程序＊/
END;
```

PL/SQL 支持以下两种注释样式。

（1）单行注释。如果注释是单行的,或者注释需要嵌入在多行注释中时,可以使用单行注释,单行注释以两个连字符"-"开始,可以扩展到行尾。

例如:

```
v_dname VARCHAR2(20); --这个变量用来处理部门名称
```

（2）多行注释。这些注释以"/＊"开始并以"＊/"结束,可以跨越多行。建议采用多行注释。

3.1.2　能力目标

了解 PL/SQL 程序的特点和优点,掌握 PL/SQL 块的基本结构。

3.1.3　任务驱动

任务 1：一个简单的 PL/SQL 程序。

编写一个简单的 PL/SQL 程序,该程序输出两行文字:"我喜欢学习数据库课程!"和"我尤其喜欢 Oracle 数据库!"。程序运行效果如图 3.2 所示。

（1）任务的解析步骤

① 登录 SQL＊PLUS,使用 SET SERVEROUTPUT ON 命令设置环境变量 SERVEROUTPUT 为打开状态。

② 在 BEGIN 部分输出上述两行文字。

说明：

- 将环境变量 SERVEROUTPUT 设为打开状态,目的是使 PL/SQL 程序能够在 SQL＊PLUS 中输出结果,并且在退出 SQL＊PLUS 之前,不需要再次激活。
- DBMS_OUTPUT.PUT_LINE()是一个存储过程,用于输出一行信息。

（2）源程序的实现

```
SET SERVEROUTPUT ON;
BEGIN
    DBMS_OUTPUT.PUT_LINE('我喜欢学习数据库课程!');
    DBMS_OUTPUT.PUT_LINE('我尤其喜欢 Oracle 数据库!');
END;
```

图 3.2　简单的 PL/SQL 程序运行效果

说明：由于不需要进行变量定义和异常处理,所以 DECLARE 声明部分和 EXCEPTION 错误处理部分被省略,程序中只出现 BEGIN 可执行部分的语句。

任务 2：计算长方形面积的 PL/SQL 程序。

编写一个 PL/SQL 程序,该程序输出长方形的面积,其中长和宽的值由键盘随机输入。

程序运行效果如图 3.3 所示。

```
输入 length 的值:  3
原值     2: v_length NUMBER:=&length;
新值     2: v_length NUMBER:=3;
输入 width 的值:  2
原值     3: v_width NUMBER:=&width;
新值     3: v_width NUMBER:=2;
该长方形的面积为:6

PL/SQL 过程已成功完成。
```

图 3.3　计算长方形面积的程序运行效果

(1) 任务的解析步骤

① 在 DECLARE 部分定义长(v_length)、宽(v_width)和面积(v_area)3 个变量,并给长和宽赋随机值。

② 在 BEGIN 部分计算长方形的面积,并将结果赋值给变量 v_area。

③ 在 BEGIN 部分输出该长方形面积(v_area)的值。

说明:

- & 表示可以在运行时接受输入值。
- 赋值运算符:=。
- 连接运算符‖。

(2) 源程序的实现

```
DECLARE
    v_length NUMBER:=&length;
    v_width NUMBER:=&width;
    v_area NUMBER;
BEGIN
    v_area:=v_width*v_length;
    DBMS_OUTPUT.PUT_LINE('该长方形的面积为:'||v_area);
END;
```

说明:&length 表示从键盘输入一个值,给临时变量 length,而后 length 把接收到的值再传给 v_length。&width 表示从键盘输入一个值,给临时变量 width,而后 width 把接收到的值再传给 v_width。

任务 3:带有嵌套块的 PL/SQL 程序。

编写一个 PL/SQL 程序,在 PL/SQL 主块中输出长方形的面积,在 PL/SQL 子块中输出长方形的周长,其中长和宽的值由键盘随机输入。程序运行效果如图 3.4 所示。

```
输入 length 的值:  3
原值     2: v_length NUMBER:=&length;
新值     2: v_length NUMBER:=3;
输入 width 的值:  2
原值     3: v_width NUMBER:=&width;
新值     3: v_width NUMBER:=2;
子块中: 该长方形的周长为:10
主块中: 该长方形的面积为:6

PL/SQL 过程已成功完成。
```

图 3.4　带有嵌套块的程序运行效果

(1) 任务的解析步骤

① 在主块的 DECLARE 部分定义长(v_length)、宽(v_width)和面积(v_area)三个变量,并给长和宽赋随机值。

② 在主块的 BEGIN 部分进行子块的定义。

③ 在子块的 DECLARE 部分定义周长(v_cir)变量。

④ 在子块的 BEGIN 部分计算长方形的周长,并输出周长的结果。

⑤ 在主块的 BEGIN 部分计算长方形的面积,并输出面积的结果。

说明:

- & 表示可以在运行时接受输入值。
- 赋值运算符:=。
- 连接运算符‖。

（2）源程序的实现

```
DECLARE                                  /* 主块的说明部分 */
    v_length NUMBER:=&length;
    v_width NUMBER:=&width;
    v_area NUMBER;
BEGIN                                    /* 主块的语句执行部分 */
    DECLARE                              /* 子块的说明部分 */
        v_cir number;
    BEGIN                                /* 子块的语句执行部分 */
        v_cir:=(v_length+v_width)*2;
        DBMS_OUTPUT.PUT_LINE('子块中：该长方形的周长为:'||v_cir);
    END;                                 /* 子块的语句结束 */
    v_area:=v_width*v_length;
    DBMS_OUTPUT.PUT_LINE('主块中：该长方形的面积为:'||v_area);
END;                                     /* 主块的语句结束 */
```

3.1.4 实践环节

（1）参照任务 2 编写一个 PL/SQL 程序，实现输出圆的周长和圆的面积，其中圆的半径由键盘随机输入。（注：Oracle 中圆周率可用 ACOS（-1）表示。）

（2）在任务 3 中，将子块中的输出语句移到子块外面执行，是否可行？查看运行结果，并给出理由。

3.2 PL/SQL 变量

3.2.1 核心知识

PL/SQL 中可以使用标识符来声明变量、常量、游标、用户自定义的异常等，并在 SQL 语句或过程化的语句中使用。

1. 标识符定义

PL/SQL 程序设计中的标识符定义与 SQL 的标识符定义的要求相同。要求和限制有以下几种。

（1）不能超过 30 个字符。

（2）首字符必须为字母。

（3）不区分大小写。

（4）不能使用 SQL 保留字。

（5）对标识符的命名最好遵循实际项目中的相关命名规范。采用的命名规范要求变量以"v_"开头，常量以"c_"开头，以标识符用途来为其命名。

例如：v_sname 表示一个处理名字的变量，c_birthday 表示一个处理出生日期的常量。

2. 声明语法

PL/SQL 中出现的变量在 DECLARE 部分定义，语法如下。

变量名 [CONSTANT] 数据类型 [NOT NULL][:=|DEFAULT PL/SQL 表达式]

说明：

（1）常量的值是在程序运行过程中不能改变的，而变量的值是可以在程序运行过程中不断变化的。声明常量时必须加关键字 CONSTANT，常量在声明时必须初始化，否则在编译时会出错。

例如：

```
c_pi CONSTANT NUMBER(8,7):=3.1415926;
```

如果没有后面的":＝3.1415926"是没有办法通过编译的。

（2）如果一个变量没有进行初始化，则它将默认地被赋值为 NULL。如果使用了非空约（NOT NULL），就必须给这个变量赋一个值。在语句块的执行部分或者异常处理部分也要注意不能将 NULL 赋值给被限制为 NOT NULL 的变量。

例如：

```
v_flag VARCHAR2(20) NOT NULL:='true';
```

而不能 v_flag VARCHAR2(20) NOT NULL;

声明标识符时，要注意每行声明一个标识符，这样代码可读性更好，也更易于维护。

例如：

```
v_sname VARCHAR2(20);
v_dept VARCHAR2(20);
```

而不能 v_sname,v_dept VARCHAR2(20);

（3）初始化变量可以用"：＝"或"DEFAULT"，如果没有设置初始值，则变量默认被赋值为 NULL；如果变量的值能够确定，则最好对变量进行初始化。

（4）变量名称不要和数据库中的表名或字段名相同，否则可能会产生意想不到的结果，另外程序的维护也更加复杂。

建议的命名方法如表 3.1 所示。

表 3.1　变量命名方法

标识符	命名规则	例　子	标识符	命名规则	例　子
变量	v_name	v_name	异常类型变量	e_name	e_too_many
常量	c_name	c_name	记录类型变量	name_record	emp_record
游标类型变量	name_cursor	emp_cursor			

3. 数据类型

在 PL/SQL 出现的所有变量和常量都需要指定一个数据类型。下面介绍一些常用的数据类型，有标量类型、参考类型、LOB 类型和用户自定义类型。

（1）标量类型

标量类型可以分为以下四种。

① 数值型。NUMBER [(precision, scale)]：可存储整数或实数值，这里 precision 是精度，即数值中所有数字位的个数；scale 是刻度范围，即小数点右边数字位的个数，精度的默认值是 38。

② 字符型。CHAR［(maximum_length)］：描述定长的字符串，如果实际值不够定义的长度，则系统将以空格填充。在 PL/SQL 中最大长度是 32 767，长度默认值为 1。

VARCHAR2 (maximum_length)：描述变长的字符串。在 PL/SQL 中最大长度是 32 767，没有默认值。

③ 日期型。常用的日期类型为 DATE。日期默认格式为 DD-MON-YY，分别对应日、月、年。

例如：

```
v_d1 DATE;
v_d2 DATE:='28-5月-2012';
```

④ 布尔型。布尔型存储逻辑值 TRUE 或 FALSE。

例如：

```
v_b1 BOOLEAN;
v_b2 BOOLEAN :=FALSE;
v_b3 BOOLEAN :=TRUE;
```

(2) 参考类型

参考类型分为两种：％TYPE 和％ROWTYPE。

① ％TYPE 类型。％TYPE 类型定义一个变量，其数据类型可以与已经定义的某个数据变量的类型相同，或者与数据库表的某个列的数据类型相同，这时可以使用％TYPE。

例如：

```
v_a1 NUMBER;
v_a2 v_a1%TYPE;              --v_a2 参照自 v_a1 变量的类型
v_salary emp.salary%TYPE;    --v_salary 参照自 EMP 员工表中 salary 列的类型
```

② ％ROWTYPE 类型。％ROWTYPE 类型定义一个变量的类型参照自基本表或视图中记录的类型或游标的结构类型，这时可以使用％ROWTYPE。

例如：

```
v_sc sc%ROWTYPE;               --v_sc 参照自 SC 选课信息表中记录的类型
```

说明：由于 v_sc 能代表 SC 选课信息表中的某一条记录类型，所以在访问该记录中某个特定字段时，可以通过"变量名.字段名"的方式调用。例如，向 SC 表中插入一条学生选课信息：

```
DECLARE
    v_sc sc%ROWTYPE;
BEGIN
    v_sc.sno:='20120001';
    v_sc.cno:='c2';
    v_sc.grade:=95;
    INSERT INTO sc VALUES (v_sc.sno,v_sc.cno,v_sc.grade);
END;
```

(3) LOB 类型

LOB 类型是用于存储大的数据对象的类型。Oracle 目前主要支持 BFILE、BLOB、

CLOB 及 NCLOB 类型。

① BFILE。BFILE 存放大的二进制数据对象,这些数据文件不放在数据库里,而是放在操作系统的某个目录里,数据库的表里只存放文件的目录。

② BLOB。BLOB 存储大的二进制数据类型。变量存储大的二进制对象的位置。大二进制对象的大小≤＝4GB。

③ CLOB。CLOB 存储大的字符数据类型。每个变量存储大字符对象的位置,该位置指到大字符数据块。大字符对象的大小≤＝4GB。

④ NCLOB。NCLOB 存储大的 NCHAR 字符数据类型。每个变量存储大字符对象的位置,该位置指到大字符数据块。大字符对象的大小≤＝4GB。

（4）用户自定义类型

根据用户自己的需要,用现有的 PL/SQL 标量类型组合成一个用户自定义的类型。例如,定义用户自定义的数据类型 STUDENT_TYPE：

```
CREATE OR REPLACE TYPE STUDENT_TYPE AS OBJECT(
    sno     CHAR(8),              --学生学号
    sname   VARCHAR2(20),         --学生姓名
    age     INT(3));              --学生年龄
```

引用用户自定义的数据类型。

例如：

```
v_stu STUDENT_TYPE;
```

4. 变量赋值

在 PL/SQL 程序中可以通过两种方式给变量赋值。

（1）直接赋值

```
变量名:=常量或表达式;
```

例如：

```
v_num NUMBER:=3;
```

（2）通过 SELECT...INTO 赋值

```
SELECT 字段 INTO 变量名
```

例如：

```
SELECT sname,age INTO v_sname,v_age
FROM student
WHERE sno='20120001';
```

3.2.2 能力目标

掌握 PL/SQL 程序中变量的定义、数据类型以及变量的赋值方法。

3.2.3 任务驱动

任务 1：查找标量类型变量或常量在声明过程中可能出现的错误,并进行改正。

运行给定的 PL/SQL 程序代码,进行调试改错,指出错误总数,并最终看到正确的运行结果。程序代码如下。

```
DECLARE
    123_sno CHAR(8);------------------------------①
    sum NUMBER;----------------------------------②
    v_date DATE;---------------------------------③
    v_num NUMBER NOT NULL;-----------------------④
    c_pi CONSTANT NUMBER(8,7);-------------------⑤
    v_cname, v_tname VARCHAR2(10);---------------⑥
BEGIN
    DBMS_OUTPUT.PUT_LINE('我把所有错误都改正了,真棒!');
END;
```

(1) 任务的解析步骤

① 在 SQL＊PLUS 中直接运行给定的 PL/SQL 程序代码,根据错误提示信息,修改对应的变量声明。

② 检查定义的变量名字是否超过 30 个字符,首字符是否为英文字母。

③ 检查是否把 SQL 保留字作为了变量的名字。

④ 检查常量在声明时是否进行了初始化。

⑤ 检查非空约束的变量是否进行了初始化。

⑥ 检查每个变量是否分别进行了定义。

(2) 修改后源程序的实现

```
DECLARE
    sno_123 CHAR(8);------------------------------①
    v_sum NUMBER;--------------------------------②
    v_date DATE;---------------------------------③
    v_num NUMBER NOT NULL:=6;---------------------④
    c_pi CONSTANT NUMBER(8,7):=3.1415926;--------⑤
    v_cname VARCHAR2(10);
    v_tname VARCHAR2(10);-------------------------⑥
BEGIN
    DBMS_OUTPUT.PUT_LINE('我把所有错误都改正了,真棒!');
END;
```

程序运行效果如图 3.5 所示。

```
我把所有错误都改正了,真棒!
PL/SQL 过程已成功完成。
```

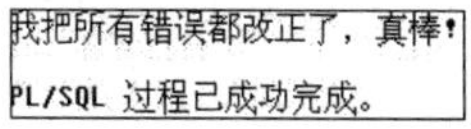

图 3.5　修改后的 PL/SQL 程序运行效果

(3) 任务程序中变量声明错误原因解析

PL/SQL 程序中,变量声明部分共有以下 5 处错误。

① 语句①,变量的首字符不能是数字,必须以英文字母开头。

② 语句②,sum 是聚组函数,是 SQL 的保留字,不可以作为变量的名字。

③ 语句④,如果使用了非空约束,就必须给这个变量赋一个值。

④ 语句⑤,常量在声明时必须初始化。

⑤ 语句⑥,声明标识符时,要注意每行声明一个标识符。

任务 2：查找参考类型变量在声明过程中可能出现的错误,并进行改正。

运行给定的 PL/SQL 程序代码,进行调试改错,指出错误总数,并最终看到正确的运行结果。程序代码如下。

```
DECLARE
    v_a2 v_a1%TYPE;----------------------------①
    v_a1 NUMBER; ----------------------------②
    v_sname student%TYPE; --------------------③
    v_grade sc.grade%TYPE; -------------------④
    v_stu student.sno%ROWTYPE; --------------⑤
    v_sc sc%ROWTYPE; ------------------------⑥
BEGIN
    DBMS_OUTPUT.PUT_LINE('我再次把所有错误都改正了,非常棒!');
END;
```

（1）任务的解析步骤

① 在 SQL＊PLUS 中直接运行给定的 PL/SQL 程序代码,根据错误提示信息,修改对应的变量声明。

② 检查％TYPE 类型变量的数据类型是否参考已经定义好的变量的数据类型。

③ 检查％TYPE 类型变量的数据类型是否参考表当中某一列的数据类型。

④ 检查％ROWTYPE 类型变量的数据类型是否参考表当中某一行的数据类型。

（2）修改后源程序的实现

```
DECLARE
    v_a1 NUMBER; ----------------------------①
    v_a2 v_a1%TYPE; -------------------------②
    v_sname student.sname%TYPE; -------------③
    v_grade sc.grade%TYPE; -------------------④
    v_stu student%ROWTYPE; -------------------⑤
    v_sc sc%ROWTYPE; ------------------------⑥
BEGIN
    DBMS_OUTPUT.PUT_LINE('我再次把所有错误都改正了,非常棒!');
END;
```

程序运行效果如图 3.6 所示。

（3）任务程序中变量声明错误原因解析

PL/SQL 程序中,变量声明部分共有以下 3 处错误。

① 语句①和语句②的位置反了,先定义变量 v_a1 的数据类型,然后变量 v_a2 才可以参考 v_a1 的数据类型。

② 语句③,在题目中％TYPE 类型只能用来参考表 STUDENT 中某一列的数据类型。

③ 语句⑤,在题目中％ROWTYPE 类型参考表中某一列的数据类型,只能用来参考表当中某一行或某一条记录的数据类型。

任务 3：带有 SELECT…INTO 赋值语句的 PL/SQL 程序。

编写一个 PL/SQL 程序,输出学号为 20120006 的学生姓名和出生年份。程序运行效果如图 3.7 所示。

我再次把所有错误都改正了, 非常棒!
PL/SQL 过程已成功完成。

学号为20120006的学生姓名为:赵六出生年份:1993
PL/SQL 过程已成功完成。

图 3.6　修改后的 PL/SQL 程序运行效果　　　　图 3.7　查询学生信息的程序运行效果

（1）任务的解析步骤

① 学生的出生年份可由当前年份 2012 与学生的年龄 age 相减得到。

② 在 DECLARE 部分定义两个变量，用来存放查询出来的数据。

③ 在 BEGIN 部分通过 SELECT…INTO 赋值语句将 20120006 学生的姓名和出生年份查询出来并赋值给相应变量。

④ 在 BEGIN 部分输出该学生的姓名和出生年份。

（2）源程序的实现

```
DECLARE
    v_sname student.sname%TYPE;
    v_birth NUMBER;
BEGIN
    SELECT sname,2012-age INTO v_sname,v_birth
    FROM student WHERE sno='20120006';
    DBMS_OUTPUT.PUT_LINE('学号为 20120006 的学生姓名为:'||v_sname||'出生年份:'||
    v_birth);
END;
```

3.2.4　实践环节

（1）编写一个 PL/SQL 程序，输出某一学生的详细信息（利用％ROWTYPE 类型），其中学生的学号由键盘随机输入。

（2）运行给定的 PL/SQL 程序代码，删除员工编号为 5002 的员工信息。

```
DECLARE
    empno char(8):='5002';
BEGIN
    DELETE FROM emp where empno=empno;
END;
```

查看运行结果是否达到预期目的，若不能达到预期目的，请给出理由并进行修改。

3.3　PL/SQL 运算符和函数

3.3.1　核心知识

1. PL/SQL 中的运算符

和任何其他的编程语言一样，PL/SQL 有一组运算符，可以分为 3 类：算术运算符、关系运算符和逻辑运算符。

（1）算术运算符

算术运算符执行算术运算，算术运算符有：＋（加）、－（减）、＊（乘）、/（除）、＊＊（指数）和‖（连接）。

其中，＋（加）和－（减）运算符也可用于对 DATE（日期）数据类型的值进行运算。

（2）关系运算符

关系运算符（又称为比较运算符）用于测试两个表达式值满足的关系，其运算结果为逻辑值 TRUE 和 FALSE。关系运算符有以下几种。

①＝(等于)、＜＞或!＝(不等于)、＜(小于)、＞(大于)、＞＝(大于等于)、＜＝(小于等于);

② BETWEEN...AND...(检索两值之间的内容);

③ IN(检索匹配列表中的值);

④ LIKE(检索匹配字符样式的数据);

⑤ IS NULL(检索空数据)。

(3) 逻辑运算符

逻辑运算符用于对某个条件进行测试,运算结果为 TRUE 和 FALSE。逻辑运算符有:

① AND(两个表达式为真则结果为真);

② OR(只要有一个表达式为真则结果为真);

③ NOT(取相反的逻辑值)。

2. PL/SQL 中的函数

在 PL/SQL 中支持所有 SQL 中的单行数字型的函数、单行字符型的函数、数据类型的转换函数、日期型的函数和其他各种函数,但不支持聚组函数(如:AVG、COUNT、MIN、MAX、SUM 等)。在 PL/SQL 块内只能在 SQL 语句中使用聚组函数,常用的聚组函数如表 3.2 所示。

表 3.2　常用聚组函数

函数	描　　述
AVG	返回一列的平均值(该列必须是数字类型的值)
COUNT	返回非空值的行数,* 表示返回所有行数
MAX	返回一列的最大值
MIN	返回一列的最小值
SUM	返回一列的和(该列必须是数字类型的值)

3.3.2　能力目标

灵活使用算术运算符、关系运算符和逻辑运算符参与各种运算,并且合理使用单行函数和聚组函数实现其功能。

3.3.3　任务驱动

任务:判断引用的各种函数是否正确。

运行给定的 PL/SQL 程序代码,检查函数使用方法是否正确,如有错误请进行修改。

程序代码如下。

```
DECLARE
    v_ename VARCHAR2(20);--------------------------------①
    v_sal NUMBER;---------------------------------------②
BEGIN
    v_ename:=UPPER( 'Tom')||LOWER('Jerry'); -------------③
    v_sal:=SUM(salary); ---------------------------------④
```

```
    DBMS_OUTPUT.PUT_LINE(v_ename); ----------------------⑤
    DBMS_OUTPUT.PUT_LINE(v_sal); -----------------------⑥
END;
```

说明：程序中，UPPER 函数的作用是将字符串的所有字符转换成大写；LOWER 函数的作用是将字符串的所有字符转换成小写。

（1）任务的解析步骤

① 在 SQL＊PLUS 中直接运行给定的 PL/SQL 程序代码，根据错误提示信息，修改对应的函数引用。

② 在 PL/SQL 中支持所有 SQL 中的单行数字型的函数。

③ 在 PL/SQL 中支持所有 SQL 中的单行字符型的函数。

④ 在 PL/SQL 中支持所有 SQL 中的数据类型转换的函数。

⑤ 在 PL/SQL 中支持所有 SQL 中的日期型的函数。

⑥ 在 PL/SQL 中不支持聚组函数。

（2）修改后源程序的实现

```
DECLARE
    v_ename VARCHAR2(20);---------------------------------①
    v_sal NUMBER; ---------------------------------------②
BEGIN
    v_ename:=UPPER('Tom')||LOWER('Jerry'); --------------③
    SELECT SUM(salary) INTO v_sal from emp; --------------④
    DBMS_OUTPUT.PUT_LINE(v_ename); ----------------------⑤
    DBMS_OUTPUT.PUT_LINE(v_sal); -----------------------⑥
END;
```

程序运行效果如图 3.8 所示。

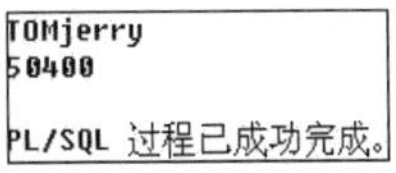

（3）函数引用错误原因解析

PL/SQL 程序中，有 1 处函数引用错误。

语句④错误，不能在有赋值运算符的语句中使用聚组函数，只能在 SQL 语句中使用聚组函数。

```
TOMjerry
50400
PL/SQL 过程已成功完成。
```

图 3.8　修改后的 PL/SQL 程序运行效果

3.3.4　实践环节

编写一个 PL/SQL 程序，实现输出当前的系统日期、某一学生的选课门数及平均成绩，其中学生学号由键盘随机输入。

3.4　PL/SQL 条件结构

3.4.1　核心知识

根据另一条语句或表达式的结果执行一个操作或一条语句。分为 IF 条件语句与 CASE 条件语句。

1. IF 条件语句

语法如下。

```
IF 条件 1 THEN
    语句体 1;
[ELSIF 条件 2 THEN
    语句体 2;]
        ⋮
[ELSE
    语句体 n;]
END IF;
```

说明：如果条件 1 成立，就执行语句体 1 中的内容，否则判断条件 2 是否成立；如果条件 2 成立，则执行语句体 2 的内容，以此类推；如果所有条件都不满足，则执行 ELSE 中语句体 n 的内容。

注意：每个 IF 语句以相应的 END IF 语句结束，IF 语句后必须有 THEN 语句，IF…THEN 后不跟语句结束符"；"，一个 IF 语句最多只能有一个 ELSE 语句。条件是一个布尔型的变量或表达式。IF 条件语句最多只能执行一个条件分支，执行之后跳出整个语句块。

2. CASE 条件语句

CASE 条件语句又可以有两种写法：含 SELECTOR（选择符）的 CASE 语句和搜索 CASE 语句。

(1) 含 SELECTOR（选择符）的 CASE 语句

语法如下。

```
CASE SELECTOR
    WHEN 表达式 1 THEN 语句序列 1;
    [WHEN 表达式 2 THEN 语句序列 2;]
        ⋮
    [WHEN 表达式 N THEN 语句序列 N;]
    [ELSE 语句序列 N+1;]
END CASE;
```

说明：SELECTOR 可以是变量或者表达式。当 SELECTOR 和表达式 1 所得出的结果相等时，执行语句序列 1 的内容，以此类推；当 SELECTOR 和所有表达式的结果都不相等时，执行 ELSE 后面的语句 N+1。

(2) 搜索 CASE 语句

语法如下。

```
CASE
    WHEN 搜索条件 1 THEN 语句序列 1;
    WHEN 搜索条件 2 THEN 语句序列 2;
        ⋮
    WHEN 搜索条件 N THEN 语句序列 N;
    [ELSE 语句序列 N+1;]
END CASE;
```

说明：当搜索条件 1 得到的结果为 TRUE 时，执行语句序列 1 的内容，以此类推；当所有搜索条件都不满足时，执行 ELSE 后面的语句序列 N+1。

3.4.2　能力目标

理解条件控制结构的思想，掌握 IF 条件语句与 CASE 条件语句的应用。

3.4.3　任务驱动

任务 1：含有 IF 条件语句的 PL/SQL 程序。

编写一个 PL/SQL 程序，根据某一个学生的平均成绩，判断学生获得的奖学金等级，并输出结果。学号由键盘随机输入，输出等级说明：如果平均成绩大于 85 分，则输出此同学的平均成绩，一等奖学金；如果平均成绩在 75 分至 85 分之间，则输出此同学的平均成绩，二等奖学金；否则，输出此同学的平均成绩，无奖学金。

程序运行效果如图 3.9 所示。

(1) 任务的解析步骤

① 定义两个变量分别存放从键盘输入的学生学号和该学生的平均成绩。

② 通过 SELECT...INTO 赋值语句查询出该学生的平均成绩。

③ 依据此平均成绩按照等级说明进行 IF 条件分支判断。

(2) 源程序的实现

```
DECLARE
  v_sno student.sno%TYPE:=&sno;
  v_grade sc.grade%TYPE;
BEGIN
  SELECT AVG(grade) INTO v_grade FROM sc WHERE sno=v_sno;
  IF v_grade>85 THEN
      DBMS_OUTPUT.PUT_LINE('此同学平均成绩为:'||v_grade||',一等奖学金');
  ELSIF v_grade>=75 THEN
      DBMS_OUTPUT.PUT_LINE('此同学平均成绩为:'||v_grade||',二等奖学金');
  ELSE
      DBMS_OUTPUT.PUT_LINE('此同学平均成绩为:'||v_grade||',无奖学金');
  END IF;
END;
```

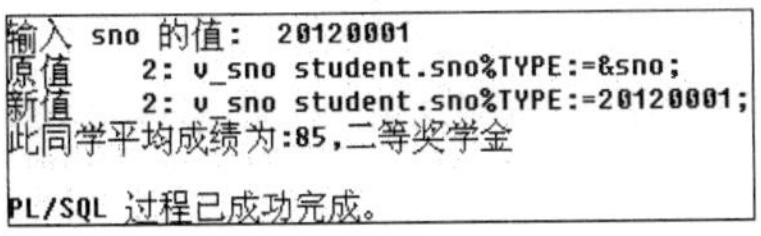

```
输入 sno 的值:  20120001
原值    2: v_sno student.sno%TYPE:=&sno;
新值    2: v_sno student.sno%TYPE:=20120001;
此同学平均成绩为:85,二等奖学金

PL/SQL 过程已成功完成。
```

图 3.9　奖学金等级程序运行效果

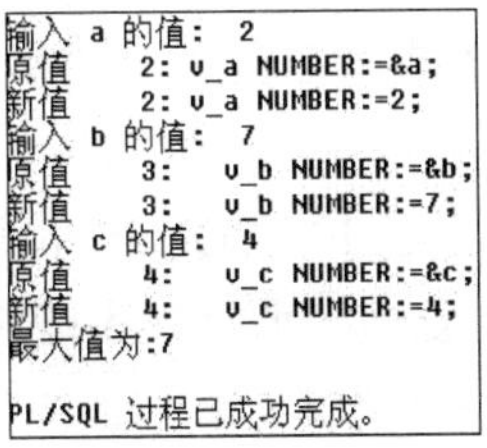

```
输入 a 的值:  2
原值    2: v_a NUMBER:=&a;
新值    2: v_a NUMBER:=2;
输入 b 的值:  7
原值    3:   v_b NUMBER:=&b;
新值    3:   v_b NUMBER:=7;
输入 c 的值:  4
原值    4:   v_c NUMBER:=&c;
新值    4:   v_c NUMBER:=4;
最大值为:7

PL/SQL 过程已成功完成。
```

图 3.10　判断最大值的程序运行效果

任务 2：含有 IF 条件嵌套语句的 PL/SQL 程序。

完善一个 PL/SQL 程序，判断随机输入的 3 个数中的最大值。程序运行效果如图 3.10 所示。

```
DECLARE
    v_a NUMBER:=&a;
```

```
        v_b NUMBER:=&b;
        v_c NUMBER:=&c;
        v_x NUMBER;                        --用于存放最大值
    BEGIN
        IF【代码 1】THEN                    --判断某一个数为 3 个数中的最大值
            v_x:=v_a;
        ELSE
            【代码 2】;                     --假设某一个数为最大值
            IF【代码 3】THEN                --剩下的数与假设最大值进行比较
                v_x:=v_c;
            END IF;
        END IF;
        DBMS_OUTPUT.PUT_LINE ('最大值为:'||v_x);
    END;
```

（1）任务的解析步骤

① 定义三个变量用于存放从键盘随机输入的数字,定义一个变量 v_x 来存放最大值。

② 在 BEGIN 部分中判断某一个数是否为 3 个数中的最大值,如果是最大值,则赋值给 v_x 后直接输出。

③ 如果不是最大值,则假设剩下的某一个数为最大值,赋值给变量 v_x。

④ 最后剩下的一个数与假设的最大值进行比较,如果小于,则最终输出假设的最大值。

⑤ 如果大于,则修改假设的最大值,最终保证输出的是 3 个数中的最大值。

（2）程序完善参考答案

程序一：

```
(v_a>v_b) AND (v_a>v_c)
```

程序二：

```
v_x:=v_b
```

程序三：

```
v_c>v_x
```

任务 3：含有 SELECTOR(选择符)CASE 语句的 PL/SQL 程序。

根据给定的 PL/SQL 程序代码,用 CASE 语句判断 v_grade 变量的值是否等于 A、B、C、D,并分别处理。如果程序能正常运行,则请说明运行结果;如果程序不能正常运行,则请说明原因。程序代码如下。

```
DECLARE
    v_grade VARCHAR2(10):='B';
BEGIN
    CASE v_grade
        WHEN 'A' THEN DBMS_OUTPUT.PUT_LINE('Excellent');
        WHEN 'B' THEN DBMS_OUTPUT.PUT_LINE('Very Good');
        WHEN 'B' THEN DBMS_OUTPUT.PUT_LINE('Good');
        WHEN 'C' THEN DBMS_OUTPUT.PUT_LINE('Fair');
```

```
        WHEN 'D' THEN DBMS_OUTPUT.PUT_LINE('Poor');
        ELSE DBMS_OUTPUT.PUT_LINE('No such grade');
    END CASE;
END;
```

(1) 任务的解析步骤

① 在给定的程序代码中，SELECTOR(选择符)就是变量 v_grade。

② SELECTOR 的值决定是哪个 WHEN 子句被执行。

③ 当变量 v_grade 的值与字符 A、B、C、D 当中的某一个值相等时，执行该字符后面对应的语句序列。

④ 当变量 v_grade 的值与字符 A、B、C、D 当中的所有值都不相等时，则执行 ELSE 后面的语句序列。

(2) 给定的 PL/SQL 程序代码运行结果(如图 3.11 所示)

(3) 任务程序运行结果解析

- 给定的 PL/SQL 程序没有错误，能够正常运行。
- 本题中 SELECTOR(选择符)就是变量 v_grade，它的值为字符‘B’。虽然程序中 WHEN 子句的表达式有两个都是字符‘B’，但是这些 WHEN 子句是按顺序检查的。
- 当变量 v_grade 的值与某一个 WHEN 子句中的表达式相等时，该 WHEN 子句被执行，执行完毕则跳出 CASE 语句。
- 所以，最终输出结果是 Very Good，而不是 Good。

任务 4：含有搜索 CASE 语句的 PL/SQL 程序。

将任务 1 中的题目改为 CASE 语句再实现一次。根据某一个学生的平均成绩，判断学生获得的奖学金等级，并输出结果。学号由键盘随机输入，输出等级说明：如果平均成绩大于 85 分，则输出此同学的平均成绩，一等奖学金；如果平均成绩在 75 分至 85 分之间，则输出此同学的平均成绩，二等奖学金；否则，输出此同学的平均成绩，无奖学金。

程序运行效果如图 3.12 所示。

```
Very Good

PL/SQL 过程已成功完成。
```

图 3.11 修改后的 PL/SQL 程序运行效果

```
输入 sno 的值:  20120001
原值     2: v_sno student.sno%TYPE:=&sno;
新值     2: v_sno student.sno%TYPE:=20120001;
此同学平均成绩为:85,二等奖学金

PL/SQL 过程已成功完成。
```

图 3.12 奖学金等级程序运行效果

(1) 任务的解析步骤

① 定义两个变量分别存放从键盘输入的学生学号和该学生的平均成绩。

② 通过 SELECT...INTO 赋值语句查询出该学生的平均成绩。

③ 依据此平均成绩按照等级说明进行 CASE 条件分支判断。

(2) 源程序的实现

```
DECLARE
    v_sno student.sno%TYPE:=&sno;
    v_grade sc.grade%TYPE;
BEGIN
```

```
    SELECT AVG(grade) INTO v_grade FROM sc WHERE sno=v_sno;
    CASE
        WHEN v_grade>85 THEN
            DBMS_OUTPUT.PUT_LINE('此同学平均成绩为:'||v_grade||',一等奖学金');
        WHEN v_grade>=75 THEN
            DBMS_OUTPUT.PUT_LINE('此同学平均成绩为:'||v_grade||',二等奖学金');
        ELSE
            DBMS_OUTPUT.PUT_LINE('此同学平均成绩为:'||v_grade||',无奖学金');
    END CASE;
END;
```

3.4.4 实践环节

(1) 输出学生表中当前学生的总人数,并根据总人数进行判定:如果人数大于100,则输出:"学生过多,请缩减招生";如果人数小于10,则输出:"学生过少,请扩大招生";否则人数在10至100之间,直接输出当前学生总人数。

说明:分别用 IF 语句和 CASE 语句来实现。

(2) 修改员工表 emp 中某位员工的工资(员工编号从键盘中随机输入),如果工资小于500元,涨50%;工资在500至1500元之间,涨30%;工资大于1500且小于3000元,涨10%;工资大于等于3000元,则维持原工资不变。

3.5 PL/SQL 循环结构

3.5.1 核心知识

重复地执行一条或多条语句,或者循环一定的次数,或者直到满足某一条件时退出。基本形式是以 LOOP 语句作为循环的开始,以 END LOOP 语句作为循环的结束。

循环语句的基本形式有以下三种。

1. 简单循环

简单循环的特点是循环体至少执行一次,其语法如下。

```
LOOP
    语句体;
    [EXIT;]
END LOOP
```

LOOP 和 END LOOP 之间的语句,如果没有终止条件,将被无限次地执行。显然这种死循环是要避免的,在使用 LOOP 语句时必须使用 EXIT 语句,强制循环结束。

退出循环的语法如下。

程序一:

```
EXIT WHEN 条件;
```

程序二:

```
IF 条件 THEN
```

```
    EXIT;
END IF;
```

2. WHILE 循环

WHILE 循环的语法如下。

```
WHILE 条件 LOOP
    语句体;
END LOOP;
```

说明：当条件为 TRUE 时，执行循环体中的内容；如果结果为 FALSE，则结束循环。WHILE 循环和以上介绍的简单循环相比，是先进行条件判断，因此循环体有可能一次都不执行。

3. 数字式 FOR 循环

数字式 FOR 循环的语法如下。

```
FOR counter IN [REVERSE] start_range...end_range LOOP
    语句体;
END LOOP;
```

说明：简单 LOOP 循环和 WHILE 循环的循环次数都是不确定的，FOR 循环的循环次数是固定的，counter 是一个隐式声明的变量，不需要在 DECLARE 部分定义。start_range 和 end_range 指明了循环的次数。

注意：如果使用了 REVERSE 关键字，那么循环变量从最大值向最小值迭代。start_range 和 end_range 之间的省略符只能为"\.\."。

3.5.2　能力目标

理解循环控制结构的思想，掌握简单循环、WHILE 循环与数字式 FOR 循环的应用。

3.5.3　任务驱动

任务 1：含有简单循环的 PL/SQL 程序。

编写一个 PL/SQL 程序，利用简单循环 LOOP 语句实现输出 1～10 的平方数。程序运行效果如图 3.13 所示。

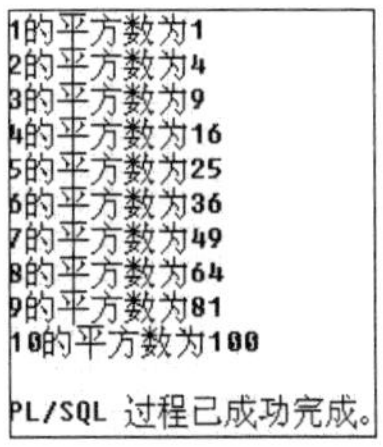

```
1的平方数为1
2的平方数为4
3的平方数为9
4的平方数为16
5的平方数为25
6的平方数为36
7的平方数为49
8的平方数为64
9的平方数为81
10的平方数为100

PL/SQL 过程已成功完成。
```

图 3.13　简单循环程序运行效果

（1）任务的解析步骤

① 定义一个循环变量用于实现 1～10 的自增。

② LOOP 和 END LOOP 之间是循环体语句，要考虑退出循环的条件，避免产生死循环。

③ 通常有两种结束循环的方法，当条件为 TRUE 时，退出循环。

（2）源程序的实现

方法一：

```
DECLARE
    i NUMBER:=1;
```

```
BEGIN
    LOOP
        DBMS_OUTPUT.PUT_LINE(i||'的平方数为'||i * i);
        i:=i+1;
        EXIT WHEN i>10;
    END LOOP;
END;
```

方法二：

```
DECLARE
i NUMBER:=1;
BEGIN
    LOOP
        DBMS_OUTPUT.PUT_LINE(i||'的平方数为'||i * i);
        i:=i+1;
        IF i>10 THEN
            EXIT;
        END IF;
    END LOOP;
END;
```

任务 2：含有 WHILE 循环的 PL/SQL 程序。

编写一个 PL/SQL 程序，利用 WHILE 循环结构求 10 的阶乘。程序运行效果如图 3.14 所示。

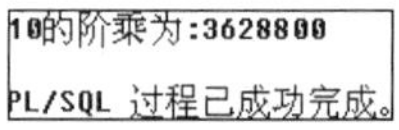

（1）任务的解析步骤

① 定义一个循环变量用于实现 1～10 的自增，还需一个变量存放最终阶乘的结果。

```
10的阶乘为:3628800
PL/SQL 过程已成功完成。
```

图 3.14　简单循环程序运行效果

② 当条件为 TRUE 时，执行循环体中的语句；如果结果为 FALSE，则结束循环。

（2）源程序的实现

```
DECLARE
    n NUMBER:=1;
    i NUMBER:=1;
BEGIN
    WHILE i <=10 LOOP
        n:=n * i;
        i:=i+1;
    END LOOP;
    DBMS_OUTPUT.PUT_LINE('10 的阶乘为：'||n);
END;
```

任务 3：含有数字式 FOR 循环的 PL/SQL 程序。

将任务 2 中的内容改成 FOR 循环再实现一次。编写一个 PL/SQL 程序，利用数字式 FOR 循环结构求 10 的阶乘。程序运行效果仍如图 3.14 所示。

（1）任务的解析步骤

① 定义一个变量存放最终阶乘的结果。

② FOR 循环的循环次数是固定的，取决于最大值和最小值的差。

③ 循环变量 i 是一个隐式声明的变量,不需要在 DECLARE 部分定义。

（2）源程序的实现

```
DECLARE
    n NUMBER:=1;
BEGIN
    FOR i IN 2..10 LOOP
        n:=n * i;
    END LOOP;
    DBMS_OUTPUT.PUT_LINE('10 的阶乘为:'||n);
END;
```

（3）反向 FOR 循环的实现

```
DECLARE
    n NUMBER:=1;
BEGIN
    FOR i IN REVERSE 2..10 LOOP
        n:=n * i;
    END LOOP;
    DBMS_OUTPUT.PUT_LINE('10 的阶乘为:'||n);
END;
```

说明：IN 表示循环变量 i 从小到大依次取值。IN REVERSE 表示循环变量 i 从大到小依次取值。

3.5.4　实践环节

编写一个 PL/SQL 程序,分别利用简单循环、WHILE 循环、FOR 循环实现输出 1～10 的整数和。

3.6　小　　结

- PL/SQL 语言是面向过程语言与 SQL 语言的结合。PL/SQL 语言通过扩展 SQL,功能更加强大,同时使用更加方便。
- PL/SQL 语言完全支持所有的 SQL 数据操作语句、事务控制语句、函数和操作符。
- PL/SQL 程序的基本结构是块。所有的 PL/SQL 程序都是由块组成的,一般由三部分组成：声明部分、可执行部分、错误处理部分。
- PL/SQL 中可以使用标识符来声明变量、常量、游标、用户自定义的异常等,并在 SQL 语句或过程化的语句中使用。PL/SQL 中常用的数据类型,有标量类型、参考类型、LOB 类型和用户自定义类型。
- PL/SQL 与其他的编程语言一样,也具有条件语句和循环语句。条件语句主要的作用是根据条件的变化选择执行不同的代码。在 PL/SQL 中常用的条件语句有 IF 语句和 CASE 语句。
- 循环语句与条件语句一样都能控制程序的执行流程,它允许重复执行一个语句或一组语句。PL/SQL 支持简单循环、WHILE 循环和 FOR 循环三种类型的循环。

习 题 3

1. 关于 PL/SQL 块结构描述错误的是(　　)。

    A. 可执行部分必须有　　　　　　　　B. DECLARE 部分可以没有

    C. 异常处理部分可以没有　　　　　　D. END 可以没有

2. 在 PL/SQL 块的哪部分可以定义变量?(　　)

    A. DECLARE　　　　　B. BEGIN　　　　　C. EXCEPTION　　　　D. SELECT

3. 声明%TYPE 类型的变量时,服务器将会做什么操作?(　　)

    A. 为该变量检索数据库中列的数据类型　　B. 复制一个变量

    C. 检索数据库中的数据　　　　　　　　　D. 为该变量检索列的数据类型和值

4. 下面关于参考类型描述错误的是(　　)。

    A. v_emp emp. empno%TYPE;　　　　B. v_dept dept%ROWTYPE;

    C. b2 b1%TYPE; b1 VARCHAR2(8);　　D. a1 VARCHAR2(8); a2 a1%TYPE;

5. 判断 IF 语句:

```
IF a<50 THEN b:=a * 3;
    ELSE IF a<100 THEN b:=a * 2;
    ELSE THEN b:=a;
END;
```

上述语句中有几处错误?(　　)

    A. 0　　　　　　　　　B. 1　　　　　　　C. 2　　　　　　　　D. 3

6. PL/SQL 中的循环不包括(　　)。

    A. 简单循环　　　　　　　　　　　　B. WHILE 循环

    C. FOR 循环　　　　　　　　　　　　D. DO…WHILE 循环

7. 执行以下语句:

```
DECLARE
    i NUMBER;
BEGIN
    FOR i IN 3..1 LOOP
        DBMS_OUTPUT.PUT_LINE(' * ');
    END LOOP;
END;
```

执行完成后循环次数为(　　)。

    A. 0　　　　　　　　　B. 2　　　　　　　C. 4　　　　　　　　D. 5

8. 执行以下语句:

```
DECLARE
    i NUMBER:=1;
    n NUMBER:=0;
BEGIN
    FOR i IN 2..3 LOOP
```

```
        n:=n+i;
    END LOOP;
    DBMS_OUTPUT.PUT_LINE(n);
END;
```

执行完成后输出的结果是(   )。

A. 0   B. 3   C. 5   D. 6

9. 随机输入一个学生学号,判断该同学的平均成绩属于哪一个等级,并输出等级。规则为:当平均成绩>=90 为优秀;当 90>平均成绩>=80 为良好;当 80>平均成绩>=70 为中等;当 70>平均成绩>=60 为及格;否则为不及格。(分别用 IF 和 CASE 语句实现,& 表示可以在运行时接受输入值)

10. 使用 FOR 循环输出 1 至 20 之间的偶数之和。

异 常 处 理

本章将学习 Oracle 异常处理机制,异常的类型,系统预定义异常的处理过程,非预定义异常的处理过程,用户自定义异常的处理过程,并分析各种异常的区别及处理方法的不同。

4.1　预定义异常

 核心知识

异常(EXCEPTION)是一种 PL/SQL 标识符,如果运行 PL/SQL 块时出现错误或警告,则会触发异常。当触发异常时,默认情况下会终止 PL/SQL 块的执行。通过在 PL/SQL 块中引入异常处理部分,可以捕捉各种异常,并根据异常出现的情况进行相应的处理。

1. Oracle 错误处理机制

(1)编译时错误:指代码不满足特定语法的要求,由编译器发出错误报告。由于编译时错误主要是语法方面的错误,如果不修改程序就无法执行,因此该错误可以由程序员修改。

(2)运行时错误:指程序运行过程中出现的各种问题,由引擎发出报告。运行时错误是随着运行环境的变化而随时出现的,难以预防,因此需要程序中尽可能地考虑各种可能出现的错误。

Oracle 对运行时错误的处理采用了异常处理机制。

2. 异常的类型

Oracle 运行时的错误可以分为 Oracle 错误和用户自定义错误,与之对应,异常分为预定义异常、非预定义异常和用户自定义异常 3 种。其中预定义异常对应于常见的 Oracle 错误,非预定义异常对应于其他的 Oracle 错误,而用户自定义异常对应于用户自定义错误。

3. 异常处理的基本语法

异常处理部分一般放在 PL/SQL 程序块的后半部,具体语法为

```
EXCEPTION
    WHEN 错误 1 [OR 错误 2] THEN
        语句序列 1;
    WHEN 错误 3 [OR 错误 4] THEN
        语句序列 2;
        ⋮
    WHEN OTHERS THEN
        语句序列 n;
```

说明:在 PL/SQL 块中,当错误发生时,程序控制无条件地转移到当前 PL/SQL 块的异常处理部分。一旦控制转移到异常处理部分,就不能再转到相同块的可执行部分。WHEN OTHERS 从句放置在所有其他异常处理从句的后面,最多只能有一个 WHEN OTHERS 从句。

4. 预定义异常的处理

每当 PL/SQL 违背了 Oracle 原则或超越了系统依赖的原则就会隐式地产生内部错误。对这种异常情况的处理,无须在程序中定义,由 Oracle 自动将其引发,编程中只需要在 EXCEPTION 异常处理部分按照错误名称处理它们就可以了。经常出现的系统预定义的错误如表 4.1 所示。

表 4.1　系统预定义错误

错 误 名 称	错误号	错 误 说 明
DUP_VAL_ON_INDEX	ORA-00001	唯一值约束被破坏
TIMEOUT_ON_RESOURCE	ORA-00051	在等待资源时发生超时现象
INVALID_CURSOR	ORA-01001	非法的游标操作
NOT_LOGGED_ON	ORA-01012	没有连接到 Oracle
LOGIN_DENIED	ORA-01017	无效的用户名/口令
NO_DATA_FOUND	ORA-01403	没有找到数据
TOO_MANY_ROWS	ORA-01422	SELECT…INTO 语句匹配多行数据
ZERO_DIVIDE	ORA-01476	被零除
INVALID_NUMBER	ORA-01722	转换为一个数字失败
STORAGE_ERROR	ORA-06500	运行时内存不够引发内部的 PL/SQL 错误
PROGRAM_ERROR	ORA-06501	内部 PL/SQL 错误
VALUE_ERROR	ORA-06502	结尾、算术或转换错误
ROWTYPE_MISMATCH	ORA-06504	游标变量和 PL/SQL 结果集之间数据类型不匹配
CURSOR_ALREADY_OPEN	ORA-06511	试图打开已存在的游标
ACCESS_INTO_NULL	ORA-06530	试图为 NULL 对象的属性赋值

4.1.2　能力目标

了解 Oracle 错误处理机制,掌握异常处理的语法格式和系统预定义异常的处理过程。

4.1.3 任务驱动

任务 1：验证 DUP_VAL_ON_INDEX 异常。

编写一个向学生表中添加记录的 PL/SQL 程序，学生表具有唯一标识记录的主键，此时如果向学生表中添加具有重复的主键的记录，则添加操作会失败。向学生表中添加一个学生记录('20120001','张飞','男',24,'体育系')，程序运行效果如图 4.1 所示。

试图使用已有的主键向学生表中添加新记录，就会产生如图 4.1 所示的违反主键异常。再编写一个 PL/SQL 程序向学生表中添加一个学生记录('20120001','张飞','男',24,'体育系')，在知道了可能出现的异常后，对其进行捕获，并且输出两行提示信息："捕获到了 DUP_VAL_ON_INDEX 异常"和"该主键值已经存在！"。程序运行效果如图 4.2 所示。

```
begin
*
第 1 行出现错误：
ORA-00001：违反唯一约束条件 (SYSTEM.SYS_C005704)
ORA-06512：在 line 2
```

```
捕获到了DUP_VAL_ON_INDEX异常
该主键值已经存在！

PL/SQL 过程已成功完成。
```

图 4.1 程序中的异常　　　　　图 4.2 对 DUP_VAL_ON_INDEX 异常的捕获

(1) 任务的解析步骤

① 第一个程序，在 BEGIN 部分直接插入该学生信息。

② 第二个程序，由于使用已有的主键值向同一个表中插入记录，所以将引发系统预定义异常。先确定该系统预定义错误的名称。

③ 在 EXCEPTION 异常处理部分，通过该错误名称对其进行捕获，并且根据自己的需求输出两行提示信息。

(2) 源程序的实现

程序一：

```
BEGIN
    INSERT INTO student VALUES('20120001','张飞','男',24,'体育系');
END;
```

程序二：

```
BEGIN
    INSERT INTO student VALUES('20120001','张飞','男',24,'体育系');
EXCEPTION
    WHEN DUP_VAL_ON_INDEX THEN
        DBMS_OUTPUT.PUT_LINE('捕获到了 DUP_VAL_ON_INDEX 异常');
        DBMS_OUTPUT.PUT_LINE('该主键值已经存在！');
END;
```

任务 2：验证 ZERO_DIVIDE 异常。

编写一个 PL/SQL 程序，计算 a 除以 b 的结果并输出。a 的初始值为 6，b 的初始值为 0。程序运行效果如图 4.3 所示。

再编写一个 PL/SQL 程序实现上述功能，若出现异常，则对其进行捕获，并且输出两行提示信息："捕获到了 ZERO_DIVIDE 异常"和"错误，除数不能为 0！"。程序运行效果如图 4.4 所示。

```
DECLARE
*
第 1 行出现错误:
ORA-01476: 除数为 0
ORA-06512: 在 line 6
```

图 4.3　程序中的异常

```
捕获到了 ZERO_DIVIDE 异常
错误, 除数不能为 0!

PL/SQL 过程已成功完成。
```

图 4.4　对 ZERO_DIVIDE 异常的捕获

（1）任务的解析步骤

① 第一个程序,定义变量 a、b 和 c 为数值型,并分别给变量 a 和 b 赋初始值 6 和 0。

② 计算 a/b 的结果,赋值给变量 c 并输出。

③ 第二个程序,在实现第一个程序的基础上,由于除数为 0,所以将引发系统预定义异常。先确定该系统预定义错误的名称。

④ 在 EXCEPTION 异常处理部分,通过该错误名称对其进行捕获,并且根据自己的需求输出两行提示信息。

（2）源程序的实现

程序一:

```
DECLARE
    a NUMBER:=6;
    b NUMBER:=0;
    c NUMBER;
BEGIN
    c:=a/b;
    DBMS_OUTPUT.PUT_LINE(c);
END;
```

程序二:

```
DECLARE
    a NUMBER:=6;
    b NUMBER:=0;
    c NUMBER;
BEGIN
    c:=a/b;
    DBMS_OUTPUT.PUT_LINE(c);
EXCEPTION
    WHEN ZERO_DIVIDE THEN
        DBMS_OUTPUT.PUT_LINE('捕获到了 ZERO_DIVIDE 异常');
        DBMS_OUTPUT.PUT_LINE('错误,除数不能为 0!');
END;
```

任务 3:联合的异常处理。

编写一个 PL/SQL 程序,输出学生表中张飞同学所在的系别名称,若找不到该同学的系别名称,则引发系统预定义异常,输出两行提示信息:“捕获到了 NO_DATA_FOUND 异常”和“SELECT 语句未找到相应的记录!”。若查询到多个系别名称,则引发另一个系统预定义异常,输出两行提示信息:“捕获到了 TOO_MANY_ROWS 异常”和“SELECT 语句检索到多行数据!”。程序运行效果如图 4.5 所示。

```
捕获到了 NO_DATA_FOUND 异常
SELECT 语句未找到相应的记录!

PL/SQL 过程已成功完成。
```

图 4.5　对联合异常的捕获

（1）任务的解析步骤

① 定义一个变量来存放查询出来的系别名称。

② 通过 SELECT…INTO 赋值语句将查询出来的张飞同学的系别名称赋值给相应变量。

③ 输出张飞同学所在的系别名称。

④ 若找不到张飞同学的系别名称，引发 NO_DATA_FOUND 系统预定义异常，在 EXCEPTION 异常处理部分捕获它，并且根据自己的需求输出两行提示信息。

⑤ 若查询到多个系别名称，引发 TOO_MANY_ROWS 系统预定义异常，在 EXCEPTION 异常处理部分捕获它，并且根据自己的需求输出两行提示信息。

（2）源程序的实现

```
DECLARE
    v_dept student.dept%type;
BEGIN
    SELECT dept INTO v_dept FROM student WHERE sname='张飞';
    DBMS_OUTPUT.PUT_LINE('张飞同学所在的系别名称为:'||v_dept);
EXCEPTION
    WHEN NO_DATA_FOUND THEN
        DBMS_OUTPUT.PUT_LINE('捕获到了NO_DATA_FOUND异常');
        DBMS_OUTPUT.PUT_LINE('SELECT语句未找到相应的记录!');
    WHEN TOO_MANY_ROWS THEN
        DBMS_OUTPUT.PUT_LINE('捕获到了TOO_MANY_ROWS异常');
        DBMS_OUTPUT.PUT_LINE('SELECT语句检索到多行数据!');
END;
```

4.1.4 实践环节

运行下列给定的 PL/SQL 程序代码，输出计算机系的学生姓名。

```
DECLARE
    v_sname student.sname%type;
BEGIN
    SELECT sname INTO v_sname FROM student WHERE dept='计算机系';
    DBMS_OUTPUT.PUT_LINE('学生姓名为:'||v_sname);
END;
```

查看运行结果是否达到预期目的，若引发系统预定义异常，请在异常处理部分输出该异常的名称。

4.2 非预定义异常

4.2.1 核心知识

非预定义异常用于处理与预定义异常无关的 Oracle 错误。使用预定义异常，可以处理的错误是有限的。而当使用 PL/SQL 开发应用程序时，可能还会遇到其他一些 Oracle 错误。例如，在 PL/SQL 程序中，将员工表中李四员工所隶属的部门编号修改为 80。

```
BEGIN
    UPDATE emp SET deptno=80 WHERE ename='李四';
END;
/
```

第 1 行出现错误:
ORA-02291: 违反完整约束条件 (SYSTEM.SYS_C005717) -未找到父项关键字
ORA-06512: 在 line 2

由于部门表中没有 80 号部门,所以出现了上述错误提示信息。为了提高 PL/SQL 程序的健壮性,应该在 PL/SQL 应用程序中合理地处理这些 Oracle 错误,此时就需要使用非预定义异常。

非预定义异常的处理步骤分为以下 3 步。

1. 定义异常

在 DECLARE 部分定义异常,异常的类型为 EXCEPTION。

定义异常的语法如下。

```
异常名 EXCEPTION;
```

例如:

```
DECLARE
    my_exception EXCEPTION;
```

2. 关联错误

在 DECLARE 部分,将其定义好的异常情况与标准的 Oracle 错误联系起来,使用 PRAGMA EXCEPTION_INIT 语句。

关联错误的语法如下。

```
PRAGMA EXCEPTION_INIT(异常名, 错误代码);
```

例如:

```
DECLARE
    my_exception EXCEPTION;
    PRAGMA EXCEPTION_INIT(my_exception,-02291);
```

3. 处理异常

在 EXCEPTION 部分处理,和预定义异常的处理方式一致。如果没有 EXCEPTION 部分,则由系统处理异常。

处理异常的语法如下。

```
WHEN 异常名 THEN 处理语句;
```

例如:

```
EXCEPTION
    WHEN my_exception THEN
        DBMS_OUTPUT.PUT_LINE('违反完整性约束,未找到父项关键字');
```

4.2.2 能力目标

掌握非预定义异常的处理步骤,熟悉非预定义异常的处理过程。

4.2.3 任务驱动

任务 1:在 PL/SQL 程序中,将员工表中李四员工所隶属的部门编号修改为 80。如果不能修改则关联并处理异常,输出提示信息:"违反完整性约束,未找到父项关键字"。程序运行效果如图 4.6 所示。

> 违反完整性约束,未找到父项关键字
> PL/SQL 过程已成功完成。

图 4.6 非预定义异常处理(1)

(1)任务的解析步骤

① 在 DECLARE 声明部分,定义异常。

② 在 DECLARE 声明部分,将其定义好的异常情况与标准的 Oracle 错误联系起来,使用 PRAGMA EXCEPTION_INIT 语句。

③ 在 BEGIN 执行部分,修改李四员工所隶属的部门编号。

④ 在 EXCEPTION 异常处理部分,捕获并处理异常,输出相关提示信息。

(2)源程序的实现

```
DECLARE
    my_exception EXCEPTION;
    PRAGMA EXCEPTION_INIT(my_exception, -02291);
BEGIN
    UPDATE emp SET deptno=80 WHERE ename='李四';
EXCEPTION
    WHEN my_exception THEN
        DBMS_OUTPUT.PUT_LINE('违反完整性约束,未找到父项关键字');
END;
```

任务 2:在 PL/SQL 程序中,删除学生表中张三同学的基本信息。如果不能删除则关联并处理异常,输出两行提示信息:"捕获到预定义异常 fk_exception"和"选课表中存在该同学的选课记录,该同学的基本信息无法删除!"。程序运行效果如图 4.7 所示。

> 捕获到预定义异常 fk_exception
> 选课表中存在该同学的选课记录,该同学的基本信息无法删除!
> PL/SQL 过程已成功完成。

图 4.7 非预定义异常处理(2)

(1)任务的解析步骤

① 在 DECLARE 声明部分,定义异常。

② 在 DECLARE 声明部分,将其定义好的异常情况与标准的 Oracle 错误联系起来,使用 PRAGMA EXCEPTION_INIT 语句。

③ 在 BEGIN 执行部分,删除学生表中张三同学的基本信息。

④ 在 EXCEPTION 异常处理部分,捕捉并处理异常,输出相关提示信息。

(2)源程序的实现

```
DECLARE
    fk_exception EXCEPTION;
    PRAGMA EXCEPTION_INIT(fk_exception,-02292);
BEGIN
    DELETE FROM student WHERE sname='张三';
```

```
EXCEPTION
    WHEN fk_exception THEN
        DBMS_OUTPUT.PUT_LINE('捕获到预定义异常 fk_exception');
        DBMS_OUTPUT.PUT_LINE('选课表中存在该同学的选课记录,该同学的基本信息无法删
                                除!');
END;
```

说明:错误代码可以通过单独执行删除语句来获取。

4.2.4 实践环节

在 PL/SQL 程序中,向员工表里添加一名新员工的信息('8001','关羽','男',34,'部门经理','6001',7000,'80'),如果不能添加成功,则判断是预定义异常 DUP_VAL_ON_INDEX 还是非预定义异常,关联非预定义异常并处理异常,输出异常相关提示信息。

4.3 用户自定义异常

4.3.1 核心知识

预定义异常和非预定义异常都是由 Oracle 判断的异常错误。在实际的程序开发中,为了实施具体的业务逻辑规则,程序开发人员往往会根据这些逻辑规则自定义一些异常。当用户进行操作违反了这些规则时,就会引发一个自定义异常,从而中断程序的正常执行,并转到自定义异常处理部分。

用户自定义异常的处理步骤分为以下 3 步。

1. 定义异常
在 DECLARE 部分定义异常,异常的类型为 EXCEPTION。
定义异常的语法如下。

异常名 EXCEPTION;

例如:

```
DECLARE
    my_exception EXCEPTION;
```

2. 触发异常
在 BEGIN 部分,当一个设定条件满足时,可以显式通过 RAISE 语句来触发自定义异常。
触发异常的语法如下。

RAISE 异常名;

例如:

```
BEGIN
    IF v_salary=0 THEN
        RAISE my_exception;
```

```
END IF;
```

3. 异常处理

在 EXCEPTION 部分处理,和系统预定义异常的处理方式一致。如果没有 EXCEPTION 部分,则由系统处理异常。

处理异常的语法如下。

```
WHEN 异常名 THEN 处理语句;
```

例如:

```
EXCEPTION
    WHEN my_exception THEN
        DBMS_OUTPUT.PUT_LINE('员工的工资为 0');
```

4.3.2 能力目标

掌握用户自定义异常的处理步骤,熟悉用户自定义异常的处理过程。

4.3.3 任务驱动

任务 1:含有一个用户自定义异常处理的 PL/SQL 程序。

编写一个 PL/SQL 程序,输出王五同学选修 c1 课程的成绩。如果成绩小于 60 分,则触发用户自定义异常,输出提示信息:"成绩不及格,请准备补考!"。程序运行效果如图 4.8 所示。

(1)任务的解析步骤

王五同学选修c1课程的成绩是52
成绩不及格,请准备补考!

PL/SQL 过程已成功完成。

图 4.8　含有一个用户自定义异常
　　　　处理的程序运行效果

① 定义一个变量用来存放选课成绩。

② 定义一个异常名称。

③ 通过 SELECT...INTO 赋值语句将查询出来的选课成绩赋值给相关变量。

④ 输出王五同学选修 c1 课程的成绩,即变量的值。

⑤ 通过条件语句进行判断,是否触发用户自定义异常。

⑥ 若成绩小于 60 分,异常发生,在 EXCEPTION 部分对异常进行处理,输出提示信息:"成绩不及格,请准备补考!"。

(2)源程序的实现

```
DECLARE
  v_grade sc.grade%TYPE;
  e EXCEPTION;
BEGIN
    SELECT grade INTO v_grade FROM sc,student WHERE student.sno=sc.sno AND
        sname='王五' AND cno='c1';
    DBMS_OUTPUT.PUT_LINE('王五同学选修 c1 课程的成绩是'||v_grade);
    IF v_grade<60 THEN
        RAISE e;
    END IF;
EXCEPTION
    WHEN e THEN
```

```
            DBMS_OUTPUT.PUT_LINE('成绩不及格,请准备补考!');
END;
```

任务 2:含有多个用户自定义异常处理的 PL/SQL 程序。

编写一个 PL/SQL 程序,查询学生表中当前学生总人数,并根据总人数进行判定。

(1) 如果人数>100,则触发异常 e_big。异常处理时输出:"学生过多,请缩减招生"。

(2) 如果人数<20,则触发异常 e_small。异常处理时输出:"学生过少,请扩大招生"。

(3) 否则人数在 20 至 100 之间,无须触发异常。直接输出当前人数即可。

程序运行效果如图 4.9 所示。

(1) 任务的解析步骤

① 定义一个变量用来存放学生总人数。

② 定义两个异常 e_big 和 e_small。

③ 通过 SELECT…INTO 赋值语句将学生总人数查询出来赋值给相关变量。

④ 通过条件语句进行判断,是否触发用户自定义异常。

⑤ 如果触发用户自定义异常,则在 EXCEPTION 部分对异常进行处理,输出相关提示信息。

⑥ 如果没有触发用户自定义异常,则直接输出学生总人数。

(2) 源程序的实现

```
学生过少,请扩大招生
PL/SQL 过程已成功完成。
```

图 4.9 含有多个用户自定义异常
处理的程序运行效果

```
DECLARE
    v_num NUMBER;
    e_big EXCEPTION;
    e_small EXCEPTION;
BEGIN
    SELECT COUNT(*) INTO v_num FROM student;
    IF v_num>100 THEN
        RAISE e_big;
    ELSIF v_num<20 THEN
        RAISE e_small;
    ELSE
        DBMS_OUTPUT.PUT_LINE('学生总人数为:'||v_num);
    END IF;
EXCEPTION
    WHEN e_big THEN
        DBMS_OUTPUT.PUT_LINE('学生过多,请缩减招生');
    WHEN e_small THEN
        DBMS_OUTPUT.PUT_LINE('学生过少,请扩大招生');
END;
```

任务 3:含有系统预定义异常和用户自定义异常的 PL/SQL 程序。

编写一个 PL/SQL 程序,从键盘上随机输入某个员工的姓名,输出该员工的编号和工资。

(1) 如果雇员不存在,则触发系统预定义异常 NO_DATA_FOUND,则输出:"查无此人!"。

（2）如果雇员存在，但工资小于1500元，触发用户自定义异常，则输出："工资太低，需要涨工资！"。

（3）如果触发了其他异常，则输出："未知的错误！"。

（4）如果雇员存在，且工资＞＝1500元，则输出该雇员的编号和工资。

程序运行效果如图4.10所示。

图 4.10　系统预定义异常和用户自定义异常处理的程序运行效果

（1）任务的解析步骤

① 定义三个变量，第一个变量用来存放从键盘输入的员工姓名，后两个变量用来存放员工的编号和工资。

② 定义一个用户自定义异常名称。

③ 通过 SELECT...INTO 赋值语句将该员工的编号和工资查询出来赋值给相应变量。

④ 通过条件语句进行判断，是否触发用户自定义异常。

⑤ 如果没有触发异常，则直接输出该员工的编号和工资。

⑥ 如果触发了异常，则在 EXCEPTION 部分对异常进行处理，判断异常类型，输出相关提示信息。

（2）源程序的实现

```
DECLARE
    v_ename emp.ename%type:=&p_ename;
    v_empno emp.empno%TYPE;
    v_salary emp.salary%TYPE;
    e EXCEPTION;
BEGIN
    SELECT empno,salary INTO v_empno, v_salary FROM emp WHERE ename=v_ename;
    IF v_salary<1500 THEN
        RAISE e;
    ELSE
        DBMS_OUTPUT.PUT_LINE('编号为:'||v_empno||'工资为:'||v_salary);
```

```
        END IF;
EXCEPTION
    WHEN NO_DATA_FOUND THEN
        DBMS_OUTPUT.PUT_LINE('查无此人!');
    WHEN e THEN
        DBMS_OUTPUT.PUT_LINE('工资太低,需要涨工资!');
    WHEN OTHERS THEN
        DBMS_OUTPUT.PUT_LINE('未知的错误!');
END;
```

注意：异常处理中除 OTHERS 必须放在最后外，其他的异常处理可以按任意次序排列。

4.3.4　实践环节

（1）编写带有异常处理的 PL/SQL 程序，从键盘上随机输入某个学生的学号，查询该学生的不及格课程数。

① 当不及格课程数大于 3 门时，则触发用户自定义异常。当此异常发生时，输出："留级"。

② 当不及格课程数为 2 或 3 门时，则触发用户自定义异常。当此异常发生时，输出："跟班试读"。

③ 其余情况，正常输出不及格课程数即可。

（2）编写带有异常处理的 PL/SQL 程序，从键盘上随机输入某个员工的编号，修改该员工的工资。

① 如果该员工不存在，则触发系统预定义异常 NO_DATA_FOUND，输出："查无此人!"。

② 如果该员工存在，工资小于 1000 元，涨 30%；工资在 1000 至 2000 元之间，涨 20%；工资大于 2000 且小于 3000 元，涨 10%；工资大于等于 3000 元，则触发一个用户自定义异常，输出"工资较高，不需要涨薪"。

4.4　小　　结

- 当开发 PL/SQL 应用程序时，为提高应用程序的健壮性，开发人员必须考虑到 PL/SQL 程序可能出现的各种错误，并进行相应的错误处理。

- Oracle 运行时的错误可以分为 Oracle 错误和用户自定义错误，与之对应，异常分为预定义异常、非预定义异常和用户自定义异常 3 种。

- Oracle 为用户提供了大量的在 PL/SQL 中使用的预定义异常，以检查用户代码失败的一般原因。对这种异常情况的处理，无须在程序中定义，由 Oracle 自动将其引发。

- 对非预定义异常的处理，需要用户在程序中定义，然后由 Oracle 自动将其引发。

- 对用户自定义异常的处理，需要用户在程序中定义，然后由用户引发异常。

习　题　4

1. 简述用户自定义异常的处理步骤。

2. PL/SQL 语句块中，当 SELECT…INTO 语句不返回任何数据行时，将抛出异常（　　）。

    A. NO_DATA_FOUND   B. VALUE_ERROR

    C. DUP_VAL_INDEX   D. TOO_MANY_ROWS

3. PL/SQL 语句块中，当 SELECT…INTO 语句返回多行记录时，将抛出异常（　　）。

    A. NO_DATA_FOUND   B. VALUE_ERROR

    C. DUP_VAL_INDEX   D. TOO_MANY_ROWS

4. 关于出错处理，下列叙述错误的是（　　）。

    A. 可以有多个 WHEN OTHERS 从句

    B. 可以在块中定义多个出错处理，每一个出错处理包含一组语句

    C. 在块中必须以关键字 EXCEPTION 开始一个出错处理

    D. 将 WHEN OTHERS 从句放置在所有其他出错处理从句的后面

5. 关于用户自定义异常的步骤中，不包括（　　）。

    A. 定义异常   B. 触发异常   C. 分析异常   D. 处理异常

6. 用户自定义异常必须使用（　　）语句引发。

    A. IF   B. WHEN   C. EXCEPTION   D. RAISE

7. 编写带有异常处理的 PL/SQL 程序，输出 C++ 课程的学分。若该课程不存在，则触发系统预定义异常 NO_DATA_FOUND，输出："查无此课！"。

8. 编写带有异常处理的 PL/SQL 程序，输出选修课程号为"c1"的学生人数。

（1）若选修人数少于 20 人，则该课程是不允许开设的，此时触发一个异常，输出提示信息："选修人数太少，无法开课"。

（2）若选修人数超过 100 人，选修人数超过了最大的选修人数上限，也是不允许的，也触发一个异常，输出提示信息："选修人数过多，需要增加授课教师"。

第 5 章

游　标

主要内容

- 显式游标的处理步骤
- 显式游标的属性
- 游标的 FOR 循环
- 利用游标操纵数据库
- 带参数的游标
- 隐式游标

本章将学习显式游标和隐式游标的定义及属性；显式游标处理的四个步骤；游标的 FOR 循环结构；利用游标操纵数据库的方法；带参数游标的应用；显式游标和隐式游标的异同点。

5.1　显　式　游　标

5.1.1　核心知识

在通过 SELECT 语句查询时，返回的结果通常是多行记录组成的集合。这对于程序设计语言而言，并不能够处理以集合形式返回的数据，为此，SQL 提供了游标机制。游标充当指针的作用，使应用程序设计语言一次只能处理查询结果中的一行。

在 Oracle 中，游标分为显式游标和隐式游标。

显式游标是由程序员定义和命名的，并且在块的执行部分中通过特定语句操纵的内存工作区。当 SELECT 返回多条记录时，必须显式地定义游标以处理每一行。

1. 显式游标处理的四个步骤

（1）定义游标：在 DECLARE 说明部分定义游标。

定义游标时需要定义游标的名字，并将该游标和一个 SELECT 语句相关联。这时候相当于给游标所能操作的内存区域做个规划，数据并没有加载到内存区域。

定义游标的语法如下。

```
CURSOR 游标名 [(参数名 1 数据类型 [,参数名 2 数据类型...])]
    IS SELECT 语句;
```

说明：CURSOR 是游标的关键字，游标名满足标识符的要求。数据类型是任意的 PL/SQL 可以识别的类型，如标量类型、参考类型等。当数据类型是标量类型时，不能定义类型的长度。游标中的 SELECT 语句不用接 INTO 语句。

（2）打开游标：在语句执行部分或者出错处理部分打开游标。

打开游标就是在程序运行时，游标接受实际参数值后，执行游标所对应的 SELECT 语句，将其查询结果放入内存工作区，并且指针指向工作区的首部。

打开游标的语法如下。

```
OPEN 游标名 [(实际参数值 1[,实际参数值 2...])];
```

（3）将当前行结果提取到 PL/SQL 变量中：在语句执行部分或者出错处理部分提取结果。

取值工作是将游标工作区中的当前指针所指行的数据取出，放入到指定的变量中。系统每执行一次 FETCH 语句只能取一行，每次取出数据之后，指针顺序下移一行，使下一行成为当前行。

由于游标工作区中的记录可能有多行，所以通常使用循环执行 FETCH 语句，直到整个查询结果集都被返回。

取值到变量的语法如下。

```
FETCH 游标名 INTO 变量 1 [,变量 2...];
```

或

```
FETCH 游标名 INTO PL/SQL_RECORD;                /* 记录类型变量 */
```

（4）关闭游标：在语句执行部分或者出错处理部分关闭游标。

显式打开的游标需要显式关闭。游标关闭后，系统释放与该游标关联的资源，并使该游标的工作区变成无效。关闭以后不能再对游标进行 FETCH 操作，否则会触发一个 INVALID_CURSOR 错误。如果需要可以重新打开。

关闭游标的语法如下。

```
CLOSE 游标名;
```

2. 显式游标的属性

游标由于每次都是以相同的方式处理内存工作区中的一条记录，为了能对所有记录进行处理，因此需要和循环结构搭配使用。而循环的开始及退出，必须以游标的属性为依据。显式游标的属性如表 5.1 所示。

表 5.1　显式游标的属性

游标属性	描述
游标名%ISOPEN	值为布尔型，如果游标已打开，则取值为 TRUE
游标名%NOTFOUND	值为布尔型，如果最近一次 FETCH 操作没有返回结果，则取值为 TRUE
游标名%FOUND	值为布尔型，如果最近一次 FETCH 操作没有返回结果，则取值为 FALSE；否则，为 TRUE
游标名%ROWCOUNT	值为数字型，是到当前为止返回的记录数

5.1.2 能力目标

掌握显式游标处理的四个步骤,熟悉显式游标的属性。

5.1.3 任务驱动

任务 1:通过游标利用简单循环从学生表中取出某一系别的学生姓名和年龄并输出(注:系别名称从键盘随机输入)。程序运行效果如图 5.1 所示。

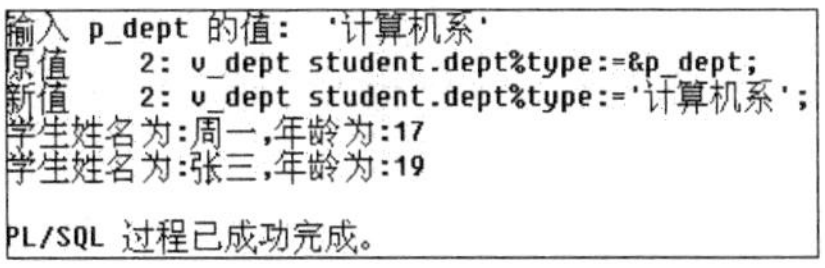

(1) 任务的解析步骤

① 定义三个变量,第一个变量用来存放从键盘输入的系别名称,后两个变量用来存放学生的姓名和年龄。

② 定义一个游标,并写出与该游标相关联的SELECT 语句。

图 5.1 通过游标利用简单循环查询
学生信息的程序运行效果

③ 打开游标,将查询结果放入内存工作区。

④ 利用简单循环将当前行结果提取到 PL/SQL 变量中。

⑤ 通过游标的属性判断是否所有的行都返回。

⑥ 处理返回的行,输出该系别的学生姓名和年龄。

⑦ 当所有行都返回时,结束循环。关闭游标,释放与该游标关联的资源。

(2) 源程序的实现

```
DECLARE
    v_dept student.dept%type:=&p_dept;
    v_sname student.sname%type;
    v_age student.age%TYPE;
    CURSOR student_cursor IS SELECT sname,age FROM student WHERE dept=v_dept;
BEGIN
    OPEN student_cursor;
    LOOP
        FETCH student_cursor INTO v_sname,v_age;
        EXIT WHEN student_cursor%NOTFOUND;
        DBMS_OUTPUT.PUT_LINE('学生姓名为:'||v_sname||','||'年龄为:'||v_age);
    END LOOP;
    CLOSE student_cursor;
END;
```

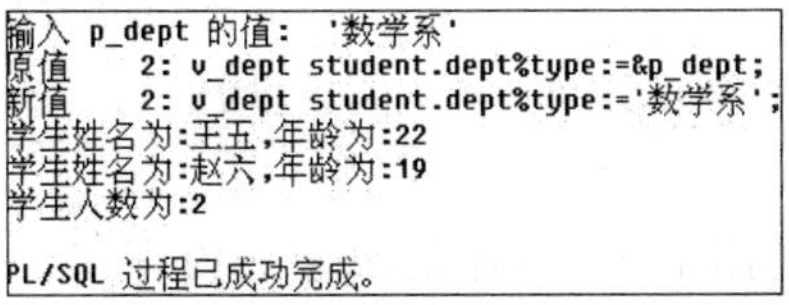

图 5.2 通过游标利用 WHILE 循环查询
学生信息的程序运行效果

任务 2:通过游标利用 WHILE 循环从学生表中取出某一系别的学生姓名和年龄并输出,最后显示该系别的学生人数(注:系别名称从键盘随机输入)。程序运行效果如图 5.2 所示。

(1) 任务的解析步骤

① 定义两个变量,第一个变量用来存放从键盘输入的系别名称;第二个变量为记录类型变量,用来

存放学生的信息。

② 定义一个游标,并写出与该游标相关联的 SELECT 语句。

③ 打开游标,将查询结果放入内存工作区。

④ 先利用 FETCH 语句从内存工作区中取出一行数据。

⑤ 利用 WHILE 循环通过游标的属性判断是否所有的行都返回。

⑥ 处理返回的行,输出该系别的学生姓名和年龄。

⑦ 再次利用 FETCH 语句将当前行结果提取到记录类型变量中。

⑧ 当所有行都返回时,结束循环。关闭游标,释放与该游标关联的资源。

(2)源程序的实现

```
DECLARE
    v_dept student.dept%type:=&p_dept;
    CURSOR student_cursor IS SELECT sname,age FROM student WHERE dept=v_dept;
    student_record student_cursor%rowtype;
BEGIN
    OPEN student_cursor;
    FETCH student_cursor INTO student_record;
    WHILE student_cursor%FOUND LOOP
        DBMS_OUTPUT.PUT_LINE('学生姓名为:'||student_record.sname||','||'年龄为:'||
                            student_record.age);
        FETCH student_cursor INTO student_record;
    END LOOP;
    DBMS_OUTPUT.PUT_LINE('学生人数为:'||student_cursor%ROWCOUNT);
    CLOSE student_cursor;
END;
```

5.1.4 实践环节

(1)通过游标利用简单循环实现取出选修 java 课程的学生姓名和成绩并输出,最后显示该门课程的选修总人数。

(2)通过游标利用 WHILE 循环实现取出某一部门的员工姓名和工资并输出(注:部门编号从键盘随机输入)。

5.2 游标的 FOR 循环

5.2.1 核心知识

通常情况下,游标处理数据的步骤可以分为 8 步:①定义一个游标;②打开一个游标;③启动循环;④FETCH 游标到变量;⑤检查是否所有的行都返回;⑥处理返回的行;⑦结束循环;⑧关闭游标。

游标的 FOR 循环是一种快捷处理游标的方式,它使用 FOR 循环依次读取内存工作区中的一行数据,当 FOR 循环开始时,游标自动打开(不需要使用 OPEN 方法),每循环一次系统自动读取游标当前行的数据(不需要使用 FETCH),当退出 FOR 循环时,游标被自动关闭(不需要使用 CLOSE)。

使用游标FOR循环的时候不需要也不能使用OPEN语句、FETCH语句和CLOSE语句,否则会产生错误。

使用游标的FOR循环,系统隐式地定义了一个游标名为%ROWTYPE类型的记录变量。把游标所指向当前记录的数据放入该记录变量中去。

游标FOR循环的语法:

```
FOR 记录变量名 IN 游标名 LOOP
    语句 1;
    语句 2;
    ⋮
END LOOP;
```

5.2.2 能力目标

掌握游标FOR循环这种快捷处理游标的方式。

5.2.3 任务驱动

任务1:利用游标的FOR循环从学生表中取出某一系别的学生姓名和年龄,并输出(注:系别名称从键盘随机输入)。程序运行效果如图5.3所示。

```
输入 p_dept 的值:  '管理系'
原值     2: v_dept student.dept%type:=&p_dept;
新值     2: v_dept student.dept%type:='管理系';
学生姓名为:郑九,年龄为:18
学生姓名为:孙十,年龄为:21

PL/SQL 过程已成功完成。
```

图5.3 利用游标的FOR循环查询学生信息的程序运行效果

(1) 任务的解析步骤

① 定义一个变量来存放从键盘输入的系别名称。

② 定义一个游标,并写出与该游标相关联的SELECT语句。

③ 利用游标FOR循环自动地打开游标。

④ 每循环一次系统自动读取游标当前行的数据。

⑤ 处理返回的行,输出该系别的学生姓名和年龄。

⑥ 当所有行都返回时,退出游标FOR循环,游标被自动关闭。

(2) 源程序的实现

```
DECLARE
    v_dept student.dept%type:=&p_dept;
    CURSOR student_cursor IS SELECT sname,age FROM student WHERE dept=v_dept;
BEGIN
    FOR student_record IN student_cursor LOOP
        DBMS_OUTPUT.PUT_LINE('学生姓名为:'||student_record.sname||','||'年龄为:'||
                              student_record.age);
    END LOOP;
END;
```

说明:系统会隐式地将student_record变量定义为student_cursor%ROWTYPE类型。

任务2:利用游标的FOR循环查询工作地点在上海的所有部门编号和部门名称,并输出。程序运行效果如图 5.4 所示。

（1）任务的解析步骤

① 定义一个变量来存放从键盘输入的系别名称。

② 定义一个游标，并写出与该游标相关联的 SELECT 语句。

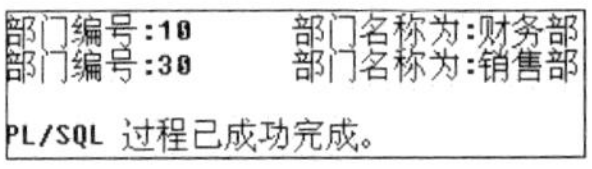

③ 利用游标 FOR 循环自动地打开游标。

④ 每循环一次系统自动读取游标当前行的数据。

⑤ 处理返回的行，输出在上海的所有部门编号和名称。

⑥ 当所有行都返回时，退出游标 FOR 循环，游标被自动关闭。

（2）源程序的实现

```
DECLARE
    CURSOR dept_cursor IS SELECT deptno,dname FROM dept WHERE loc='上海';
BEGIN
    FOR dept_record IN dept_cursor LOOP
        DBMS_OUTPUT.PUT_LINE('部门编号:'||dept_record.deptno||'部门名称为:'||
                                dept_record.dname);
    END LOOP;
END;
```

图 5.4　利用游标的 FOR 循环查询部门信息的程序运行效果

说明：系统会隐式地将 dept_record 变量定义为 dept_cursor％ROWTYPE 类型。

任务 3：将下列 PL/SQL 程序改为用游标 FOR 循环实现。

```
DECLARE
    CURSOR emp_cursor IS SELECT * FROM emp WHERE age>35;
    emp_record emp%ROWTYPE;
BEGIN
    OPEN emp_cursor;
    FETCH emp_cursor INTO emp_record;
    WHILE emp_cursor%FOUND LOOP
        DBMS_OUTPUT.PUT_LINE(emp_record.ename||emp_record.salary);
        FETCH emp_cursor INTO emp_record;
    END LOOP;
    CLOSE emp_cursor;
END;
```

（1）任务的解析步骤

① 在 DECLARE 声明部分，保留游标的定义。

② 在 DECLARE 声明部分，去掉 emp_record 记录类型变量的定义。

③ 由于游标的 FOR 循环能够实现游标的自动打开，所以去掉 OPEN 语句。

④ 由于游标的 FOR 循环能够实现自动读取游标当前行的数据，所以去掉 FETCH 语句。

⑤ 利用游标的 FOR 循环依次输出年龄大于 35 岁的员工姓名和工资。

⑥ 由于游标的 FOR 循环能够实现游标的自动关闭，所以去掉 CLOSE 语句。

（2）修改后源程序的实现

```
DECLARE
    CURSOR emp_cursor IS SELECT * FROM emp WHERE age>35;
BEGIN
    FOR emp_record IN emp_cursor LOOP
        DBMS_OUTPUT.PUT_LINE(emp_record.ename||emp_record.salary);
    END LOOP;
END;
```

程序运行效果如图 5.5 所示。

5.2.4　实践环节

图 5.5　修改后的游标 FOR 循
　　　　环的程序运行效果

（1）利用游标的 FOR 循环实现取出选修 java 课程的学生姓名和成绩，并输出。

（2）利用游标的 FOR 循环实现取出每门课程的学生选修人数，并输出每门课程编号及这门课程的选修人数。

（3）运行下列给定的 PL/SQL 程序代码，实现从员工表中取出工资超过 5000 元的员工姓名和年龄，并将其输出。

```
DECLARE
    CURSOR emp_cursor IS SELECT ename,age FROM emp WHERE salary>5000;
    emp_record emp_cursor%ROWTYPE;
BEGIN
    OPEN emp_cursor;
    FOR emp_record IN emp_cursor LOOP
        EXIT WHEN emp_cursor%NOTFOUND;
        DBMS_OUTPUT.PUT_LINE(emp_record.ename||emp_record.age);
        FETCH emp_cursor INTO emp_record;
    END LOOP;
    CLOSE emp_cursor;
END;
```

查看运行结果是否达到预期目的，若不能达到预期目的，请给出理由并进行修改。

5.3　利用游标操纵数据库

5.3.1　核心知识

通过使用显式游标，不仅可以一行一行地处理 SELECT 语句的结果，而且可以更新或删除当前游标行的数据。

下面介绍游标操纵数据库的语法。

1. 游标的定义

```
CURSOR 游标名 IS
SELECT 列1,列2...
FROM 表
```

```
WHERE 条件
FOR UPDATE [OF column] [NOWAIT]
```

说明：要想通过游标操纵数据库中的数据，在定义游标的查询语句时，必须加上 FOR UPDATE 从句，表示要先对表加锁。此时在游标工作区中的所有行拥有一个行级排他锁，其他会话只能查询，不能更新或删除。OF 子句用来指定要锁定的列。

如果游标查询涉及多张表时，FOR UPDATE 默认情况下会在所有表的记录上拥有行级排他锁。

使用 FOR UPDATE 会在被作用行加锁，如果其他用户已经在被作用行上加锁，则默认情况下当前用户要一直等待。使用 NOWAIT 选项，可以避免等待锁。一旦其他用户已经在被作用行加锁，当前用户就会显示系统预定义错误，并退出 PL/SQL 块。

2. 游标的使用

带 WHERE CURRENT OF 从句的 UPDATE、DELETE 语句的语法：

```
DELETE FROM 表 WHERE CURRENT OF 游标名;
UPDATE 表 SET 列 1=值 1,列 2=值 2... WHERE CURRENT OF 游标名;
```

说明：在 UPDATE 或 DELETE 语句中，加上 WHERE CURRENT OF 子句，指定了从游标工作区中取出的当前行需要被更新或删除。

5.3.2 能力目标

熟悉游标操纵数据库在游标定义和使用方面的不同语法格式，掌握游标操纵数据库的方法。

5.3.3 任务驱动

任务 1：使用游标删除数据，在选课表中删除所有选修 c2 课程的学生选课记录，并输出删除选课信息的行数。

- 当执行 PL/SQL 程序前，可以得到如图 5.6 所示信息。
- 当执行 PL/SQL 程序，使用游标删除数据时，程序运行效果如图 5.7 所示。
- 当执行 PL/SQL 程序后，可以得到如图 5.8 所示信息。

```
SQL> SELECT * FROM sc WHERE cno='c2';

SNO        CNO             GRADE
--------  --------  ----------
20120001  c2                95
20120003  c2                45
20120004  c2                85
```

图 5.6 使用游标删除数据前，学生选修 c2 课程的情况

```
删除选修c2课程的记录数为:3

PL/SQL 过程已成功完成。
```

图 5.7 使用游标删除数据时的程序运行效果

```
SQL> SELECT * FROM sc WHERE cno='c2';

未选定行
```

图 5.8 使用游标删除数据后，学生选修 c2 课程的情况

(1) 任务的解析步骤

① 在使用游标删除数据之前，可以利用 SELECT 语句查询到多名同学选修 c2 课程的选课记录。

② 定义一个游标,写出与该游标相关联的 SELECT 语句,并且加上 FOR UPDATE 从句。

③ 定义一个记录类型变量,用来存放学生的选课信息。

④ 打开游标,将查询结果放入内存工作区。

⑤ 先利用 FETCH 语句从内存工作区取出一行数据。

⑥ 通过游标的属性判断是否所有的行都返回。

⑦ 处理返回的行,加上 WHERE CURRENT OF 子句,删除从游标工作区中取出的当前行信息。

⑧ 当所有行都返回时,结束循环。

⑨ 输出删除选修 c2 课程的记录数,即:游标名%ROWCOUNT 属性的值。

⑩ 关闭游标,释放与该游标关联的资源。

⑪ 在使用游标删除数据之后,利用 SELECT 语句查询选修 c2 课程的选课记录为空值。

(2) 源程序的实现

```
DECLARE
    CURSOR sc_cursor IS SELECT * FROM sc WHERE cno='c2' FOR UPDATE;
    sc_record sc_cursor%ROWTYPE;
BEGIN
    OPEN sc_cursor;
    LOOP
        FETCH sc_cursor INTO sc_record;
        EXIT WHEN sc_cursor%NOTFOUND;
        DELETE FROM sc WHERE CURRENT OF sc_cursor;
    END LOOP;
    DBMS_OUTPUT.PUT_LINE('删除选修 c2 课程的记录数为:' || sc_cursor%ROWCOUNT);
    CLOSE sc_cursor;
END;
```

任务 2:使用游标更新数据,查询学生表中计算机系学生的基本情况,并输出当前学生的学号和姓名;如果学生的年龄小于 18 岁,则将其年龄改成 18 岁。

• 当执行 PL/SQL 程序前,可以得到如图 5.9 所示信息。

图 5.9 使用游标更新数据前,计算机系学生的基本情况

• 当执行 PL/SQL 程序,使用游标更新数据时,程序运行效果如图 5.10 所示。

• 当执行 PL/SQL 程序后,可以得到如图 5.11 所示信息。

图 5.10 使用游标更新数据时的程序运行效果

图 5.11 使用游标更新数据后,计算机系学生的基本情况

（1）任务的解析步骤

① 在使用游标更新数据之前,可以利用 SELECT 语句查询到计算机系学生的基本情况,周一同学的年龄小于 18 岁。

② 定义一个游标,写出与该游标相关联的 SELECT 语句,并且加上 FOR UPDATE 从句。

③ 利用游标 FOR 循环自动地打开游标。

④ 每循环一次系统自动读取游标当前行的数据。

⑤ 处理返回的行,输出学生的学号和姓名。

⑥ 通过条件语句进行判断,当前取出的该学生的年龄是否小于 18 岁。

⑦ 如果年龄小于 18 岁,则对从游标工作区中取出的当前学生年龄进行更新,加上 WHERE CURRENT OF 子句。

⑧ 当所有行都返回时,退出游标 FOR 循环,游标被自动关闭。

⑨ 在使用游标更新数据之后,利用 SELECT 语句查询计算机系学生的基本情况,发现周一同学的年龄已变为 18 岁。

（2）源程序的实现

```
DECLARE
    CURSOR student_cursor IS SELECT * FROM student WHERE dept='计算机系' FOR
        UPDATE OF age;
BEGIN
    FOR student_record IN student_cursor LOOP
        DBMS_OUTPUT.PUT_LINE(student_record.sno||','||student_record.sname);
        IF student_record.age<18 THEN
            UPDATE student SET age=18 WHERE CURRENT OF student_cursor;
        END IF;
    END LOOP;
END;
```

5.3.4 实践环节

利用游标操纵数据库,查询员工表中某一部门员工的姓名、年龄和工资,并输出。若员工工资少于 1800 元,则将其工资调整为 1800 元;若员工工资多于 5000 元,则将其工资调整为 5000 元。（注：部门编号从键盘随机输入。）

5.4 带参数的游标

5.4.1 核心知识

使用带参数的游标可以提高程序的灵活性。定义显式游标时,加入参数的定义,在使用游标时,对参数输入不同的数值,则游标工作区中所包含的数据也有所不同。

带参数的游标除了定义游标与打开游标时的语法与一般显式游标不同外,其他步骤的语法都一样。

下面介绍带参数游标的语法。

1. 定义带参数的游标

CURSOR 游标名(参数名 1 数据类型 [{:=|DEFAULT} 值] [,参数名 2 数据类型 [{:=|DEFAULT} 值]...]) IS SELECT 语句;

说明：参数的命名满足标识符的命名规则。数据类型可以是标量类型、参考类型等。当是标量类型时，不能指定参数的长度。参数的值一般在 SELECT 语句的 WHERE 子句中使用。

2. 打开带参数的游标

OPEN 游标名(& 参数 1,& 参数 2...);

5.4.2　能力目标

掌握带参数游标定义的语法格式，熟练使用带参数的游标，提高程序的灵活性。

5.4.3　任务驱动

任务 1：用带参数游标的简单循环实现从员工表中查询部门号为 30 的员工姓名和工资，并输出（注：30 为实参）。程序运行效果如图 5.12 所示。

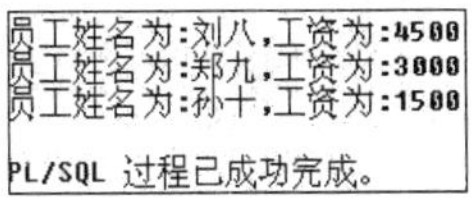

（1）任务的解析步骤

① 定义一个游标，设定部门编号为形参，写出与该游标相关联的 SELECT 语句，并且在 SELECT 语句的 WHERE 子句中使用到参数的值。

图 5.12　用带参数游标的简单循环实现查询员工信息的程序运行效果

② 定义一个记录类型变量用来存放员工的信息。

③ 打开游标，实际值 30 传递给参数，将查询结果放入内存工作区。

④ 利用简单循环将当前行结果提取到 PL/SQL 变量中。

⑤ 通过游标的属性判断是否所有的行都返回。

⑥ 处理返回的行，输出该部门的员工姓名和工资。

⑦ 当所有行都返回时，结束循环。关闭游标，释放与该游标关联的资源。

（2）源程序的实现

```
DECLARE
    CURSOR emp_cursor (v_deptno NUMBER) IS SELECT ename,salary FROM emp
    WHERE deptno=v_deptno;
    emp_record emp_cursor%ROWTYPE;
BEGIN
    OPEN emp_cursor(30);
    LOOP
        FETCH emp_cursor INTO emp_record;
        EXIT WHEN emp_cursor%NOTfound;
        DBMS_OUTPUT.PUT_LINE('员工姓名为:'||emp_record.ename||','||'工资为:'||
                             emp_record.salary);
    END LOOP;
    CLOSE emp_cursor;
END;
```

任务 2：用带参数游标的 FOR 循环实现从学生表中查询“数学系”学生的姓名和年龄，并输出(注：“数学系”为实参)。程序运行效果如图 5.13 所示。

```
王五,22
赵六,19

PL/SQL 过程已成功完成。
```

图 5.13　用带参数游标的 FOR 循环实现查询学生信息的程序运行效果

(1) 任务的解析步骤

① 定义一个游标，设定系别名称为形参，写出与该游标相关联的 SELECT 语句，并且在 SELECT 语句的 WHERE 子句中使用到参数的值。

② 利用游标 FOR 循环自动地打开游标，在打开游标的同时进行实参值与形参值的传递。

③ 每循环一次系统自动读取游标当前行的数据。

④ 处理返回的行，输出该系别的学生姓名和年龄。

⑤ 当所有行都返回时，退出游标 FOR 循环，游标被自动关闭。

(2) 源程序的实现

```
DECLARE
    CURSOR student_cursor (v_dept CHAR) IS SELECT sname,age FROM student
        WHERE dept=v_dept;
BEGIN
    FOR student_record IN student_cursor ('数学系') LOOP
        DBMS_OUTPUT.PUT_LINE(student_record.sname||','||student_record.age);
    END LOOP;
END;
```

任务 3：用带参数游标的 FOR 循环依次输出每一个部门名称，在部门名称的下面输出该部门的员工姓名和工资，按工资的升序排列。程序运行效果如图 5.14 所示。

```
部门名称为:财务部
员工姓名为:李四,工资为: 2500
员工姓名为:张三,工资为: 3000
员工姓名为:吴二,工资为: 4000
部门名称为:人力资源部
员工姓名为:陈七,工资为: 1600
员工姓名为:赵六,工资为: 2000
员工姓名为:王五,工资为: 3400
部门名称为:销售部
员工姓名为:孙十,工资为: 1500
员工姓名为:郑九,工资为: 3000
员工姓名为:刘八,工资为: 4500
部门名称为:研发部
员工姓名为:朱四,工资为: 1300
员工姓名为:吴二,工资为: 2000
员工姓名为:韩三,工资为: 3000
员工姓名为:蒋一,工资为: 6500
部门名称为:客服部
员工姓名为:吕六,工资为: 1700
员工姓名为:秦五,工资为: 2400
PL/SQL 过程已成功完成。
```

图 5.14　用带参数游标的 FOR 循环实现输出部门及员工信息的程序运行效果

(1) 任务的解析步骤

① 定义两个游标，第一个游标所对应的内存工作区将存放部门表的基本信息。第二个游标为带参数的游标，设定部门编号为形参，所对应的内存工作区将存放某一部门的员工信息，按工资升序排列。

② 利用外层游标 FOR 循环依次从内存工作区取出部门信息，每取到一行数据，输出该部门的名称。

③ 外层游标 FOR 循环每取到一行部门信息时，把获取到的部门编号作为实参传递到内层游标 FOR 循环，依次输出这个部门每一个员工的姓名和工资。

④ 循环往复，直到外层游标 FOR 循环将所有的部门信息都取出为止，退出游标 FOR 循环，两个游标都将被自动关闭。

(2) 源程序的实现

```
DECLARE
    CURSOR dept_cursor IS SELECT * FROM dept;
```

```
        CURSOR emp_cursor (v_deptno NUMBER) IS SELECT * FROM emp WHERE deptno=
        v_deptno ORDER BY salary ASC;
BEGIN
    FOR dept_record IN dept_cursor LOOP
        DBMS_OUTPUT.PUT_LINE('部门名称为:'||dept_record.dname);
        FOR emp_record IN emp_cursor(dept_record.deptno) LOOP
            DBMS_OUTPUT.PUT_LINE('员工姓名为:'|| emp_record.ename||',' ||'工资为：'||
                            emp_record.salary);
        END LOOP;
    END LOOP;
END;
```

5.4.4 实践环节

(1) 分别用带参数游标的简单循环和 FOR 循环实现查询"研发部"员工的编号和姓名，并输出。（注："研发部"为实参）

(2) 用带参数游标的 FOR 循环依次输出学生表中的每一个系别名称，在系别名称的下面输出该系别学生的姓名和年龄，结果按照年龄的降序排列。

5.5 隐 式 游 标

5.5.1 核心知识

当用户执行 SELECT 语句返回一行记录，或者执行 DML 语句，如 UPDATE、DELETE、INSERT 操作时，则由系统自动地为这些操作设置游标并创建其工作区，这些由系统隐式创建的游标称为隐式游标，隐式游标的名字为 SQL。

对于隐式游标的操作，如定义、打开、取值及关闭操作，都由系统自动地完成，无须用户进行处理。用户只能通过隐式游标的相关属性来完成相应的操作。

1. 隐式游标的属性
隐式游标的属性和显式游标的属性基本一致，但含义上有所不同，如表 5.2 所示。

表 5.2 隐式游标的属性

属　　　性	属性值	DELETE	UPDATE	INSERT	SELECT
SQL%FOUND	TRUE	成功	成功	成功	有结果
SQL%FOUND	FALSE	失败	失败	失败	没结果
SQL%NOTFOUND	TRUE	失败	失败	失败	没结果
SQL%NOTFOUND	FALSE	成功	成功	成功	有结果
SQL%ROWCOUNT	行数	删除的行数	修改的行数	插入的行数	1
SQL%ISOPEN	FALSE	FALSE	FALSE	FALSE	FALSE

2. 显式游标与隐式游标的比较
显式游标与隐式游标的比较如表 5.3 所示。

表 5.3　显式游标与隐式游标的比较

显 式 游 标	隐 式 游 标
在程序中显式地定义、打开、关闭。游标有一个名字	当执行插入、更新、删除,以及查询只有一条记录时,由 PL/SQL 内部管理,自动打开和关闭的游标。游标名为 SQL
游标属性的前缀是游标名	游标属性的前缀是 SQL
%ISOPEN 属性有一个有效值,依赖游标的状态	游标属性%ISOPEN 总是 FALSE,因为当语句执行完后立即关闭隐式游标
可以处理任何行。在程序中设置循环过程,每一行都应该显式地取(除非在一个游标的 FOR 循环中)	SELECT…INTO 语句只能处理一行

5.5.2 能力目标

掌握隐式游标的使用方法,理解显式游标和隐式游标的异同点。

5.5.3 任务驱动

任务:随机输入一个员工编号,删除该员工的基本信息,如果操作成功,则提示“已删除该员工,删除成功”,否则提示“无法删除该员工,删除失败”。程序运行效果如图 5.15 所示。

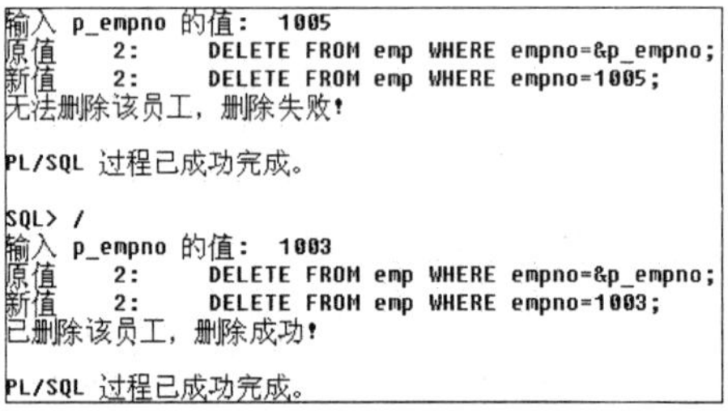

```
输入 p_empno 的值:  1005
原值    2:      DELETE FROM emp WHERE empno=&p_empno;
新值    2:      DELETE FROM emp WHERE empno=1005;
无法删除该员工, 删除失败!

PL/SQL 过程已成功完成。

SQL> /
输入 p_empno 的值:  1003
原值    2:      DELETE FROM emp WHERE empno=&p_empno;
新值    2:      DELETE FROM emp WHERE empno=1003;
已删除该员工, 删除成功!

PL/SQL 过程已成功完成。
```

图 5.15　删除某一员工信息的程序运行效果

(1) 任务的解析步骤

① 在语句执行部分,给出删除某一员工信息的语句。

② 根据隐式游标的属性值(真或者假)判断删除操作是否成功。

③ 如果删除操作成功,则输出提示信息“已删除该员工,删除成功”。

④ 如果删除操作失败,则输出提示信息“无法删除该员工,删除失败”。

(2) 源程序的实现

```
BEGIN
    DELETE FROM emp WHERE empno= &p_empno;
    IF SQL%NOTFOUND THEN
        DBMS_OUTPUT.PUT_LINE('无法删除该员工,删除失败!');
    ELSE
        DBMS_OUTPUT.PUT_LINE('已删除该员工,删除成功!');
    END IF;
END;
```

5.5.4　实践环节

更新部门表,将编号为 60 的部门名称改为"企划部",地点改为"大连"。如果没有找到要更新的记录,则往部门表中插入该条记录,并输出提示信息"没有找到要更新的记录,插入新信息"。

5.6　小　　结

- 在 Oracle 中,游标分为显式游标和隐式游标。
- 显式游标是由程序员定义和命名的,并且在块的执行部分中通过特定语句操纵的内存工作区。
- 显式游标的处理包括定义游标、打开游标、将当前行结果提取到 PL/SQL 变量中、关闭游标四个步骤。
- 使用游标的 FOR 循环可以简化显式游标的处理步骤,它能够实现自动地打开游标、自动地循环取出当前行的结果提取到 PL/SQL 变量、自动地关闭游标三个步骤,它是一种快捷处理游标的方式。
- 利用游标操纵数据库,在游标定义的时候,增加了 FOR UPDATE 从句;在游标使用的时候,增加了 WHERE CURRENT OF 子句。
- 使用带参数的游标可以提高程序的灵活性。在定义游标的时候,增加了形参列表;在打开游标的时候,进行实参与形参值的传递。
- 隐式游标的操作,如定义、打开、取值及关闭操作,都由系统自动地完成,无须用户进行处理。用户只能通过隐式游标的相关属性,来完成相应的操作。

习　题　5

1. 游标在处理的过程中需要分四步来处理,其中哪一步需要循环?(　　)

　　A. 定义游标　　　　　　　　　　　B. 打开游标

　　C. 从游标取值到变量　　　　　　　D. 关闭游标

2. 定义游标时定义了游标的名字,并将该游标和一个 SELECT 语句相关联。这个 SELECT 语句中不可能出现的语句是(　　)。

　　A. WHERE　　　　　　　　　　　　B. ORDER BY

　　C. INTO　　　　　　　　　　　　　D. GROUP BY

3. 游标的四个属性中,哪一个属性的取值与其他三个属性的取值类型不同?(　　)

　　A. 游标名%NOTFOUND　　　　　　B. 游标名%FOUND

　　C. 游标名%ROWCOUNT　　　　　　D. 游标名%ISOPEN

4. 对于游标 FOR 循环,以下哪一种说法是不正确的?(　　)

　　A. 循环隐含使用 FETCH 获取数据　　B. 循环隐含使用 OPEN 打开记录集

　　C. 终止循环操作也就关闭了游标　　　D. 游标 FOR 循环不需要定义游标

5. 通过游标进行删除或者修改操作时，WHERE CURRENT OF 的作用是（　　）。

    A. 为了提交请求　　　　　　　　B. 释放游标当前的操作记录

    C. 允许更新或删除当前游标的记录　D. 锁定游标当前的操作记录

6. 隐式游标的名称为（　　）。

    A. CURSOR　　　　　　　　　　　B. SQL

    C. PL/SQL　　　　　　　　　　　D. 自定义名称

7. 下列哪个语句允许检查 UPDATE 语句所影响的行数？（　　）

    A. SQL%FOUND　　　　　　　　B. SQL%COUNT

    C. SQL%NOTFOUND　　　　　　D. SQL%ROWCOUNT

8. 隐式游标的哪个属性值始终为 FALSE？（　　）

    A. %ISOPEN　　　　　　　　　　B. %FOUND

    C. %NOTFOUND　　　　　　　　D. %ROWCOUNT

9. 简述显式游标与隐式游标的区别。

10. 查询平均成绩超过 80 分的学生学号和姓名，并输出。（分别使用游标的简单循环和 FOR 循环来实现）

11. 随机输入一门课程名称，根据课程名称查询选修该课程的学生学号和成绩，并输出。若该学生的成绩在 57 至 59 之间，则将其分数调整为 60。

12. 用带参数的游标实现查询选修 maths 课程的学生学号和成绩，并输出。（注：maths 为实参）

13. 随机输入一个学生学号，删除该学生的选课记录，如果删除操作成功，则提示"删除成功"，并输出删除选课记录的行数，否则提示"删除失败"。

存储子程序

本章将学习存储过程和存储函数的基本概念,存储过程和存储函数的创建步骤、语法,参数的使用方法,存储过程和存储函数的几种不同调用方法,存储过程和存储函数的管理命令,存储过程与存储函数的区别。

6.1　存储过程的创建

6.1.1　核心知识

存储过程是一种命名的 PL/SQL 程序块,它可以被赋予参数,存储在数据库中,可以被用户调用。由于存储过程是已经编译好的代码,所以在调用的时候不必再次进行编译,从而提高了程序的运行效率。另外,使用存储过程可以实现程序的模块化设计。

1. 创建存储过程的基本语法

```
CREATE [OR REPLACE] PROCEDURE 过程名
    [(参数名 [IN | OUT | IN OUT] 数据类型,...)]
{IS | AS}
    [说明部分]
BEGIN
    语句序列
    [EXCEPTION 出错处理]
END [过程名];
```

说明:

① 过程名和参数名必须符合 Oracle 中标识符命名规则。

② OR REPLACE 是一个可选的关键字,建议用户使用此关键字,当数据库中已经存在此过程名,则该过程会被重新定义,并被替换。

③ 关键字 IS 和 AS 本身没有区别,选择其中一个即可。

④ IS 后面是一个完整的 PL/SQL 程序块的三个部分,可以定义局部变量、游标等,但不能以 DECLARE 开始。

2. 形式参数的三种类型

创建存储过程时,可以定义零个或多个形式参数。形式参数主要有三种模式,包括 IN、OUT、IN OUT。如果定义形参时没有指定参数的模式,那么系统默认该参数缺省模式为 IN 模式。

在声明形参时,不能定义形参的长度或精度,它们是作为参数传递机制的一部分被传递的,是由实参决定的。可以使用%TYPE 或%ROWTYPE 定义形参,%TYPE 或%ROWTYPE 只是隐含地包括长度或精度等约束信息。

三种模式参数的具体描述如表 6.1 所示。

表 6.1　三种模式参数的具体描述

模　式	描　　述
IN(默认模式)参数	输入参数,用来从调用环境中向存储过程传递值,在过程体内不能给 IN 参数赋值
OUT 参数	输出参数,用来从存储过程中返回值给调用者,在过程体内必须给 OUT 参数赋值
IN OUT 参数	输入输出参数,既可以从调用者向存储过程中传递值,也可以从过程中返回可能改变的值给调用者

6.1.2　能力目标

掌握存储过程创建的语法格式,熟悉三种模式参数的使用方法。

6.1.3　任务驱动

任务 1:创建一个无参数的存储过程,输出当前系统的日期。

(1) 任务的解析步骤

① 为存储过程设定一个名称,并且没有参数,不带有形参列表。

② 在 BEGIN 执行部分直接输出当前系统的日期。

说明:由于存储过程创建之后,存储在数据库中,并没有被调用,所以看不到输出结果。

(2) 源程序的实现

```
CREATE OR REPLACE PROCEDURE out_date
IS
BEGIN
    DBMS_OUTPUT.PUT_LINE('当前系统日期为: '||SYSDATE);
END out_date;
```

任务 2:创建一个带输入参数的存储过程,给某一指定的员工涨指定数量的工资。

(1) 任务的解析步骤

① 为存储过程设定一个名称,并且带有形参列表。

② 定义两个 IN 模式参数,分别接收从调用环境向存储过程传递的员工编号和工资涨幅额度。

③ 根据形参获得的数值,通过 UPDATE 语句实现给指定的员工涨指定数量的工资。

(2)源程序的实现

```
CREATE OR REPLACE PROCEDURE raise_salary
    (v_empno IN emp.empno%TYPE,v_salary number)
IS
BEGIN
    UPDATE emp SET salary=salary+v_salary WHERE empno=v_empno;
END raise_salary;
```

任务 3:创建一个带输入和输出参数的存储过程,根据给定的学生学号返回该学生的姓名和系别名称。

(1)任务的解析步骤

① 为存储过程设定一个名称,并且带有形参列表。

② 定义一个 IN 模式参数,用来接收从调用环境向存储过程传递的学生学号。

③ 定义两个 OUT 模式参数,用来从存储过程中将查询到的学生姓名和系别名称返回给调用者。

④ 根据 IN 模式参数获取的学号,通过 SELECT…INTO 赋值语句将该学生的姓名和系别名称查询出来赋值给两个 OUT 模式参数。

⑤ 两个 OUT 模式参数将学生姓名和系别名称返回给调用者。

(2)源程序的实现

```
CREATE OR REPLACE PROCEDURE query_student
    (v_sno IN student.sno%TYPE,
    v_sname OUT student.sname%TYPE,
    v_dept OUT student.dept%TYPE)
IS
BEGIN
    SELECT sname,dept INTO v_sname,v_dept FROM student WHERE sno =v_sno;
END query_student;
```

任务 4:创建一个带输入输出参数的存储过程,对输入的工资增加 20%,并返回。

(1)任务的解析步骤

① 为存储过程设定一个名称,并且带有形参列表。

② 定义一个 IN OUT 模式参数,用来接收从调用环境向存储过程传递的工资,并将修改后的工资返还给调用者。

③ 在 BEGIN 执行部分,通过赋值语句给参数的值增加 20%。

(2)源程序的实现

```
CREATE OR REPLACE PROCEDURE add_salary
    (v_salary IN OUT number)
IS
BEGIN
    v_salary:=v_salary+v_salary*0.2;
```

```
END add_salary;
```

6.1.4　实践环节

（1）创建一个带输入参数的存储过程，根据给定的学生学号删除该学生的选课信息。

（2）创建一个带输入和输出参数的存储过程，根据给定的员工编号返回该员工的姓名和工资。

（3）创建一个带输入和输出参数的存储过程，根据给定的学生学号返回该学生的姓名、选课数量和平均成绩。

6.2　存储过程的调用

6.2.1　核心知识

存储过程创建后，以编译的形式存储于数据库的数据字典中。如果不被调用，存储过程是不会执行的。

1. 参数传值

通过存储过程的名称调用存储过程时，实参的数量、顺序、类型要与形参的数量、顺序、类型相匹配。

如果形式参数是 IN 模式的参数，实际参数可以是一个具体的值，或是一个已经赋值的变量。

如果形式参数是 OUT 模式的参数，实际参数必须是一个变量，而不能是常量。当调用存储过程后，此变量就被赋值了。

如果形式参数是 IN OUT 模式的参数，则实际参数必须是一个已经赋值的变量。当存储过程完成后，该变量将被重新赋值。

2. 调用方法

（1）在 SQL＊Plus 中调用存储过程

在 SQL＊Plus 中可以使用 EXECUTE 命令调用存储过程。

（2）在 PL/SQL 程序中调用存储过程

在 PL/SQL 程序中，存储过程可以作为一个独立的表达式被调用。

6.2.2　能力目标

熟悉参数传值的各种形式，掌握存储过程不同的调用方法。

6.2.3　任务驱动

任务 1：利用两种不同的方法调用 6.1.3 小节中任务 1 的存储过程 out_date，查询当前系统日期。程序运行效果如图 6.1 所示。

（1）任务的解析步骤

① 第一种调用方法，在 SQL＊Plus 中直接使用 EXECUTE 命令调用存储过程。

当前系统日期为：18-7月 -12
PL/SQL 过程已成功完成。

图 6.1　调用存储过程 out_date 的程序运行效果

② 第二种调用方法,在 BEGIN 执行部分直接写出存储过程的名称来实现存储过程的调用,即存储过程作为一个独立的表达式被调用。

(2) 源程序的实现

程序一:

```
EXECUTE out_date;
```

程序二:

```
BEGIN
    out_date;
END;
```

任务 2:从 PL/SQL 程序中调用 6.1.3 小节中任务 2 的存储过程 raise_salary,从键盘随机输入员工编号和涨薪额度,实现对该员工涨指定数量的工资。程序运行效果如图 6.2 所示。

(1) 任务的解析步骤

① 定义两个变量来存放从键盘输入的员工编号和涨薪额度。

② 在 BEGIN 执行部分直接写出存储过程的名称,并将两个变量获得的值作为实参,给出实参列表来实现存储过程的调用。

(2) 源程序的实现

```
DECLARE
    v_empno emp.empno%TYPE:=&p_empno;
    v_salary emp.salary%TYPE:=&p_salary;
BEGIN
    raise_salary(v_empno,v_salary);
END;
```

任务 3:从 PL/SQL 程序中调用 6.1.3 小节中任务 3 的存储过程 query_student,实现查询学号为 20120005 的学生姓名和系别名称,并输出。程序运行效果如图 6.3 所示。

图 6.2 调用存储过程 raise_salary 的程序运行效果

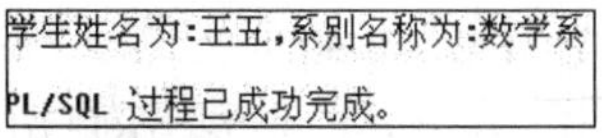

图 6.3 调用存储过程 query_student 的程序运行效果

(1) 任务的解析步骤

① 定义两个变量来接收存储过程创建时的两个 OUT 模式参数返回的值。

② 在 BEGIN 执行部分直接写出存储过程的名称,并给出实参列表与形参列表对应。有三个实参,第一个实参为学生学号 20120005,后两个实参为定义的两个变量,用来存放 OUT 模式参数返回的学生姓名和系别名称。

③ 输出两个变量的值,即学生姓名和系别名称。

（2）源程序的实现

```
DECLARE
    v_sname student.sname%TYPE;
    v_dept student.dept%TYPE;
BEGIN
    query_student('20120005',v_sname,v_dept);
    DBMS_OUTPUT.PUT_LINE('学生姓名为:'||v_sname||','||'系别名称为:'||v_dept);
END;
```

任务 4：从 PL/SQL 程序中调用 6.1.3 小节中任务 4 的存储过程 add_salary，从键盘输入低保工资，对输入的工资增加 20％，并输出原来的低保工资和增加后的低保工资。程序运行效果如图 6.4 所示。

```
输入 p_salary 的值:  300
原值    2: v_salary number:=&p_salary;
新值    2: v_salary number:=300;
原来的低保工资为:300
增加后的低保工资为:360

PL/SQL 过程已成功完成。
```

图 6.4　调用存储过程 add_salary
的程序运行效果

（1）任务的解析步骤

① 定义一个变量来接收从键盘输入的低保工资。

② 在 BEGIN 执行部分输出原来的低保工资。

③ 写出存储过程的名称，给出实参列表与形参列表一一对应，进行存储过程的调用。

④ 输出实参接收到的数据，即增加后的低保工资。

（2）源程序的实现

```
DECLARE
    v_salary number:=&p_salary;
BEGIN
    DBMS_OUTPUT.PUT_LINE('原来的低保工资为:'||v_salary);
    add_salary(v_salary);
    DBMS_OUTPUT.PUT_LINE('增加后的低保工资为:'||v_salary);
END;
```

6.2.4　实践环节

（1）从 PL/SQL 程序中调用 6.1.4 小节中第 1 题的存储过程，从键盘随机输入学生学号，实现删除该学生的所有选课记录。

（2）从 PL/SQL 程序中调用 6.1.4 小节中第 2 题的存储过程，实现查询编号为 3001 的员工姓名和工资，并输出。

（3）从 PL/SQL 程序中调用 6.1.4 小节中第 3 题的存储过程，实现查询学号为 20120001 的学生姓名、选课数量和平均成绩，并输出。

6.3　存储过程的管理

6.3.1　核心知识

1. 修改存储过程

为了修改存储过程，可以先删除该存储过程，然后重新创建。也可以采用 CREATE OR REPLACE PROCEDURE 语句重新创建并覆盖原有的存储过程。

2. 删除存储过程

删除存储过程使用 DROP PROCEDURE 语句。

3. 查看存储过程语法错误

存储过程在编译时可能出现一些语法错误,但只是以警告的方式提示"创建的过程带有编译错误",用户如果想查看错误的详细信息,可以使用 SHOW ERRORS 命令显示刚编译的存储过程的出错信息。

4. 查看存储过程结构

查看存储过程的基本结构,包括存储过程的形式参数名称、形式参数的模式以及形式参数的数据类型,可以通过执行 DESC 命令获得。

5. 查看存储过程源代码

存储过程的源代码通过查询数据字典 USER_SOURCE 中的 TEXT 即可获得。在数据字典中,存储过程的名字是以大写方式存储的。

6.3.2　能力目标

掌握修改和删除存储过程的语法格式,熟悉查看存储过程语法错误、存储过程结构和存储过程源代码的方法。

6.3.3　任务驱动

任务 1:删除存储过程 raise_salary。程序运行效果如图 6.5 所示。

(1) 任务的解析方法

利用 DROP 语法结构进行存储过程的删除。

过程已删除。

图 6.5　删除存储过程 raise_salary 的程序运行效果

(2) 源程序的实现

```
DROP PROCEDURE raise_salary;
```

任务 2:根据下图 6.6 给出的存储过程的定义,查看它的语法错误。

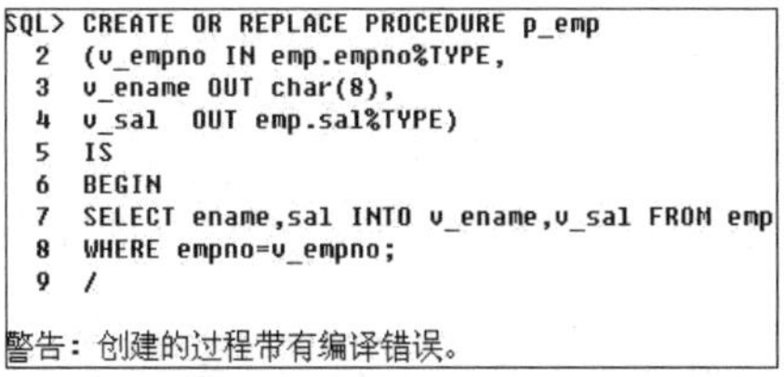

```
SQL> CREATE OR REPLACE PROCEDURE p_emp
  2  (v_empno IN emp.empno%TYPE,
  3  v_ename OUT char(8),
  4  v_sal  OUT emp.sal%TYPE)
  5  IS
  6  BEGIN
  7  SELECT ename,sal INTO v_ename,v_sal FROM emp
  8  WHERE empno=v_empno;
  9  /
警告:创建的过程带有编译错误。
```

图 6.6　创建存储过程 p_emp 的程序运行效果

查看存储过程的语法错误,运行效果如图 6.7 所示。

(1) 任务的解析方法

使用 SHOW ERRORS 命令显示刚编译的存储过程的出错信息。

(2) 源程序的实现

```
SHOW ERRORS;
```

```
PROCEDURE P_EMP 出现错误:

LINE/COL ERROR
-------- -----------------------------------------------------------------
8/17    PLS-00103: 出现符号 "("在需要下列之一时:
        := ) , default varying
        character large
        符号 ":=" 被替换为 "(" 后继续。

8/20    PLS-00103: 出现符号 "end-of-file"在需要下列之一时:
        begin case declare
        end exception exit for goto if loop mod null pragma raise
        return select update while with <an identifier>
        <a double-quoted delimited-identifier> <a bind variable> <<
        close current delete fetch lock insert open rollback
        savepoint set sql execute commit forall merge pipe
```

图 6.7　查看语法错误的程序运行效果

任务 3：查看存储过程 query_student 的基本结构。程序运行效果如图 6.8 所示。

```
PROCEDURE query_student
参数名称              类型                  输入/输出默认值?
-------------------- --------------------- -----------------------
V_SNO                CHAR(8)               IN
V_SNAME              VARCHAR2(10)          OUT
V_DEPT               VARCHAR2(15)          OUT
```

图 6.8　存储过程 query_student 的基本结构

（1）任务的解析方法

通过执行 DESC 命令查看存储过程的基本结构。

（2）源程序的实现

```
DESC query_student;
```

任务 4：查看存储过程 query_student 的源代码。程序运行效果如图 6.9 所示。

```
TEXT
--------------------------------------------------------------------
PROCEDURE query_student
(v_sno IN student.sno%TYPE,
v_sname OUT student.sname%TYPE,
v_dept OUT student.dept%TYPE)
IS
BEGIN
SELECT sname,dept INTO v_sname,v_dept FROM student WHERE sno =v_sno;
END query_student;

已选择8行。
```

图 6.9　存储过程 query_student 的源代码

（1）任务的解析步骤

① 利用 SELECT 语句查询数据字典 USER_SOURCE 中的 TEXT 即可获得存储过程的源代码。

② 在数据字典中,存储过程的名字是以大写方式存储的。

（2）源程序的实现

```
SELECT TEXT
FROM USER_SOURCE
WHERE NAME= 'QUERY_STUDENT';
```

6.3.4　实践环节

（1）删除存储过程 out_date。

（2）查看存储过程 raise_salary 的基本结构。

（3）查看存储过程 raise_salary 的源代码。

6.4　存储函数的创建

6.4.1　核心知识

存储函数的创建与存储过程的创建基本相似，不同的地方是存储函数必须有返回值。

1. 创建存储函数的基本语法

```
CREATE [OR REPLACE] FUNCTION 函数名
    [(参数名 [IN] 数据类型,...)]
RETURN 数据类型
{IS | AS}
    [说明部分]
BEGIN
    语句序列
    RETURN(表达式)
    [EXCEPTION
    例外处理程序]
END [函数名];
```

2. 形式参数与返回值

与存储过程相似，创建存储函数时，可以定义零个或多个形式参数，并且都为 IN 模式，IN 可以省略不写。存储函数是靠 RETURN 语句返回结果，并且只能返回一个结果。在函数定义的头部，参数列表之后，必须包含一个 RETURN 语句来指明函数返回值的类型，但不能约束返回值的长度、精度等。

在函数体的定义中，必须至少包含一个 RETURN 语句，来指明函数的返回值。也可以有多个 RETURN 语句，但最终只有一个 RETURN 语句被执行。

6.4.2　能力目标

掌握存储函数创建的语法格式，熟悉 RETURN 语句的用法。

6.4.3　任务驱动

任务 1：创建一个无参数的存储函数，返回员工表中员工的最高工资。

（1）任务的解析步骤

① 为存储函数设定一个名称，并且没有参数，不带有形参列表。

② 指明函数返回值的数据类型。

③ 定义一个变量来存放 SELECT...INTO 赋值语句查询出来的员工最高工资。

④ 通过 RETURN 语句返回员工的最高工资。

（2）源程序的实现

```
CREATE OR REPLACE FUNCTION max_salary
```

```
RETURN emp.salary%TYPE
IS
    v_salary emp.salary%TYPE;
BEGIN
    SELECT MAX(salary) INTO v_salary FROM emp;
    RETURN v_salary;
END max_salary;
```

任务 2：创建一个有参数的存储函数，根据给定的系别名称，返回该系别的学生人数。

（1）任务的解析步骤

① 为存储函数设定一个名称，并且带有形参列表。

② 定义一个形参，用来接收从调用环境向存储函数传递的系别名称。

③ 指明函数返回值的数据类型。

④ 定义一个变量来存放统计出来的学生人数。

⑤ 根据形参获得的系别名称，利用 SELECT…INTO 赋值语句统计该系别的学生人数。

⑥ 通过 RETURN 语句返回学生人数。

（2）源程序的实现

```
CREATE OR REPLACE FUNCTION num_dept
    (v_dept student.dept%TYPE)
RETURN number
IS
    v_num NUMBER;
BEGIN
    SELECT COUNT(*) INTO v_num FROM student WHERE dept=v_dept;
    RETURN v_num;
END num_dept;
```

6.4.4 实践环节

（1）创建一个无参数的存储函数，返回学生的平均年龄。

（2）创建一个有参数的存储函数，根据给定的员工编号返回该员工所在的部门编号。

6.5 存储函数的调用

6.5.1 核心知识

存储函数创建以后，可以使用以下两种方法调用存储函数。

（1）在 SQL 语句中调用存储函数

（2）在 PL/SQL 程序中调用存储函数

调用存储函数与调用存储过程不同，调用函数时，需要一个变量来保存返回的结果值，这样函数就组成了表达式的一部分。

6.5.2 能力目标

掌握存储过程不同的调用方法。

6.5.3　任务驱动

任务 1：利用两种不同的方法调用 6.4.3 小节中任务 1 的存储函数 max_salary，查询员工的最高工资。程序运行效果如图 6.10 和图 6.11 所示。

```
MAX_SALARY
----------
      8000
```

```
员工的最高工资为:8000

PL/SQL 过程已成功完成。
```

图 6.10　在 SQL 语句中调用存储函数　　　　图 6.11　在 PL/SQL 程序中调用存储函数
　　　　max_salary 的程序运行效果　　　　　　　　　max_salary 的程序运行效果

（1）任务的解析步骤

① 第一种调用方法，在 SQL * Plus 中直接使用 SELECT 查询语句调用存储函数。

② 第二种调用方法，在 PL/SQL 程序中首先定义一个变量来保存函数的返回值，通过赋值表达式实现函数的调用，最后输出该函数的返回值。

（2）源程序的实现

程序一：

```
SELECT max_salary FROM dual;
```

程序二：

```
DECLARE
    v_salary emp.salary%TYPE;
BEGIN
    v_salary:=max_salary;
    DBMS_OUTPUT.PUT_LINE('员工的最高工资为:'||v_salary);
END;
```

任务 2：从 PL/SQL 程序中调用 6.4.3 小节中任务 2 的存储函数 num_dept，从键盘随机输入系别名称，返回该系别的学生人数，并输出。程序运行效果如图 6.12 所示。

（1）任务的解析步骤

① 定义一个变量来存放从键盘输入的系别名称。

```
输入 p_dept 的值: '日语系'
原值    2: v_dept student.dept%TYPE:=&p_dept;
新值    2: v_dept student.dept%TYPE:='日语系';
该系别的学生人数为:2

PL/SQL 过程已成功完成。
```

图 6.12　在 PL/SQL 程序中调用存储函数
　　　　num_dept 的程序运行效果

② 再定义一个变量来保存函数的返回值。

③ 将第一个变量获得的系别名称作为实参，通过赋值表达式实现函数的调用。

④ 输出函数的返回值，即学生人数。

（2）源程序的实现

```
DECLARE
    v_dept student.dept%TYPE:=&p_dept;
    v_number number;
BEGIN
    v_number:=num_dept(v_dept);
    DBMS_OUTPUT.PUT_LINE('该系别的学生人数为:'||v_number);
END;
```

6.5.4 实践环节

（1）从 PL/SQL 程序中调用 6.4.4 小节中第 1 题的存储函数，输出学生的平均年龄。

（2）从 PL/SQL 程序中调用 6.4.4 小节中第 2 题的存储函数，从键盘随机输入员工编号，实现输出该员工所在的部门编号。

6.6 存储函数的管理

6.6.1 核心知识

1. 修改存储函数

可以使用 CREATE OR REPLACE FUNCTION 语句重新创建并覆盖原有的存储函数。

2. 删除存储函数

删除存储函数使用 DROP FUNCTION 语句。

3. 查看存储函数语法错误

查看刚编译的存储函数出现错误的详细信息，使用 SHOW ERRORS 命令。

4. 查看存储函数结构

查看存储函数的基本结构，包括存储函数的形式参数名称、形式参数的数据类型以及返回值类型，可以通过执行 DESC 命令获得。

5. 查看存储函数源代码

存储函数的源代码通过查询数据字典 USER_SOURCE 中的 TEXT 即可获得。

6.6.2 能力目标

掌握修改和删除存储函数的语法格式，熟悉查看存储函数语法错误、存储函数结构和存储函数源代码的方法。

6.6.3 任务驱动

任务 1：删除存储函数 max_salary。程序运行效果如图 6.13 所示。

（1）任务的解析方法

利用 DROP 语法结构进行存储函数的删除。

函数已删除。

图 6.13　删除存储函数 max_salary 的程序运行效果

（2）源程序的实现

```
DROP FUNCTION max_salary;
```

任务 2：根据下图 6.14 给出的存储函数的定义，查看它的语法错误。

查看存储函数的语法错误，运行效果如图 6.15 所示。

（1）任务的解析方法

使用 SHOW ERRORS 命令显示刚编译的存储函数的出错信息。

```
SQL> CREATE OR REPLACE FUNCTION avg_grade
  2  (v_sno in char(8))
  3  return number
  4  is
  5  DECLARE
  6  v_avg   number;
  7  begin
  8  select avg(grade) into v_avg from sc where sno=v_sno;
  9  end;
 10  /
警告：创建的函数带有编译错误。
```

图 6.14　创建存储函数 avg_grade 的程序运行效果

```
LINE/COL ERROR
-------- --------------------------------------------------
2/15     PLS-00103: 出现符号 "("在需要下列之一时：
         := ) , default varying
         character large
         符号 ":=" 被替换为 "(" 后继续。

5/1      PLS-00103: 出现符号 "DECLARE"在需要下列之一时：
         begin function package
         pragma procedure subtype type use <an identifier>
         <a double-quoted delimited-identifier> form current cursor
         external language
         符号 "begin" 被替换为 "DECLARE" 后继续。

9/4      PLS-00103: 出现符号 "end-of-file"在需要下列之一时：
         begin case declare
         end exception exit for goto if loop mod null pragma raise
         return select update while with <an identifier>
         <a double-quoted delimited-identifier> <a bind variable> <<
         close current delete fetch lock insert open rollback
         savepoint set sql execute commit forall merge pipe
```

图 6.15　查看语法错误的程序运行效果

（2）源程序的实现

SHOW ERRORS;

任务 3：查看存储函数 num_dept 的基本结构。程序运行效果如图 6.16 所示。

FUNCTION num_dept RETURNS NUMBER		
参数名称	类型	输入/输出默认值?
V_DEPT	VARCHAR2(15)	IN

图 6.16　存储函数 num_dept 的基本结构

（1）任务的解析方法

通过执行 DESC 命令查看存储函数的基本结构。

（2）源程序的实现

DESC num_dept;

任务 4：查看存储函数 num_dept 的源代码。程序运行效果如图 6.17 所示。

```
TEXT
-------------------------------------------------------------
FUNCTION num_dept
(v_dept student.dept%TYPE)
RETURN number
IS
v_num NUMBER;
BEGIN
SELECT COUNT(*) INTO v_num FROM student WHERE dept=v_dept;
RETURN v_num;
END num_dept;
已选择9行。
```

图 6.17　存储函数 num_dept 的源代码

（1）任务的解析步骤

① 利用 SELECT 语句查询数据字典 USER_SOURCE 中的 TEXT 即可获得存储函数的源代码。

② 在数据字典中,存储函数的名字是以大写方式存储的。

（2）源程序的实现

```
SELECT TEXT
FROM USER_SOURCE
WHERE NAME='NUM_DEPT';
```

6.6.4 实践环节

（1）删除存储函数 num_dept。

（2）查看存储函数 max_salary 的基本结构。

（3）查看存储函数 max_salary 的源代码。

6.7 小   结

- 存储子程序是被命名的 PL/SQL 块,是 PL/SQL 程序模块化的一种体现。PL/SQL 中的存储子程序包括存储过程和存储函数两种。
- 存储过程和存储函数的差别主要是返回值的方法不同和调用方法不同。
- 存储过程有零个或多个参数,过程不返回值,其返回值是靠 OUT 参数带出来的。
- 存储函数有零个或多个参数,但不能有 OUT 参数。函数只返回一个值,靠 RETURN 子句返回。
- 调用存储过程的语句可以作为独立的可执行语句在 PL/SQL 程序块中单独出现。例如:过程名(实际参数 1,实际参数 2,…)。
- 函数可以在任何表达式能够出现的地方被调用,调用函数的语句不能作为可执行语句单独出现在 PL/SQL 程序块中。例如:变量名:=函数名(实际参数 1,实际参数 2,…)。

习 题 6

1. 存储过程中可以使用参数,IN OUT 模式参数为(   )。

    A. 输入参数　　　　　　　　　　B. 输出参数

    C. 输入输出参数　　　　　　　　D. 只读参数

2. 以下程序段是一个存储过程,哪一条语句是正确的?(   )

```
CREATE OR REPLACE PROCEDURE test1
    (p_inparameter IN NUMBER,
    p_outparameter OUT NUMBER,
    p_inoutparameter IN OUT NUMBER)
IS
```

```
    v_localvariable IN NUMBER;------------------①
BEGIN
    p_inparameter:=7; -------------------------②
    v_localvariable:=p_outparameter; -----------③
    p_inoutparameter:=p_inoutparameter+1; -----④
END;
```

  A. ①   B. ②   C. ③   D. ④

3. 下列哪个语句可以在 SQL * Plus 中直接调用一个过程?(   )

  A. RETURN   B. EXECUTE C. CALL   D. SET

4. 对于存储函数的参数和返回值描述不正确的是(   )。

  A. 存储函数的形式参数只能是 IN 模式

  B. 存储函数有零个或多个 IN 型参数

  C. 存储函数的返回值使用 OUT 型参数返回

  D. 存储函数的返回值使用 RETURN 子句返回

5. 简述存储过程与存储函数的区别。

6. 创建并调用存储过程,完成下列功能。

(1) 创建一个带输入和输出参数的存储过程,根据给定的部门编号获取该部门的平均工资和最高工资。

(2) 在 PL/SQL 块中调用此过程,输出编号为"20"部门的平均工资和最高工资。

7. 创建并调用存储过程,完成下列功能。

(1) 创建一个带输入和输出参数的存储过程,根据给定的课程编号获取该课程的课程名称和学分。

(2) 在 PL/SQL 块中调用此过程,从键盘随机输入一个课程编号,输出该课程的名称和学分。

8. 创建并调用存储函数,实现下列功能。

(1) 创建一个存储函数,根据给定的学生学号返回该学生的平均成绩。

(2) 在 PL/SQL 块中调用此函数,输出学号为"20120005"学生的平均成绩。

9. 创建并调用存储函数,实现下列功能。

(1) 创建一个存储函数,根据给定的员工编号返回该员工的所有信息。

(2) 在 PL/SQL 块中调用此函数,输出编号为"2001"员工的姓名、年龄和工资。

第7章

包

主要内容

- 包的创建
- 包的调用
- 包的重载
- 包的管理

本章将学习包的基本概念,包说明与包主体的创建步骤和语法,公有变量和私有变量的区别,包的调用方法,包的重载方法及注意事项,包的管理命令,常用系统包的名称及功能。

7.1　包　的　创　建

7.1.1　核心知识

PL/SQL 程序包是将一组相关过程、函数、变量、常量和游标等 PL/SQL 程序设计元素组织在一起,成为一个完整的单元,编译后存储在数据库的数据字典中,作为一种全局结构,供应用程序调用。在 Oracle 数据库中,包有两类,一类是系统包,每个包是实现特定应用的过程、函数、常量等的集合;另一类是根据应用需要由用户创建的包。本节主要介绍用户创建的包。

包的创建分为两个步骤:分别为包说明(PACKAGE)的创建和包主体(PACKAGE BODY)的创建,包说明和包主体分开编译,并作为两个分开的对象存放在数据库字典中。

1. 包说明的创建

包说明创建的语法如下。

```
CREATE [OR REPLACE] PACKAGE 包名
{IS | AS}
    公共变量的定义
    公共类型的定义
    公共出错处理的定义
    公共游标的定义
    函数说明
    过程说明
END[包名];
```

2. 包主体的创建

(1) 包元素的性质

包中的元素也分为公有元素和私有元素两种,这两种元素的区别是它们的作用域不同。公有元素不仅可以被包中的函数、过程调用,也可以被包外的 PL/SQL 程序访问;而私有元素只能被包内的函数和过程访问。

包元素的性质及描述如表 7.1 所示。

表 7.1　包元素的性质

元素的性质	描　　述	在包中的位置
公共的	在整个应用的全过程均有效	在包说明部分说明,并在包主体中具体定义
私有的	对包以外的存储过程和函数是不可见的	在包主体部分说明和定义
局部的	只在一个过程或函数内部可用	在所属过程或函数的内部说明和定义

(2) 包主体创建的语法

```
CREATE [OR REPLACE] PACKAGE BODY 包名
{IS | AS}
    私有变量的定义
    私有类型的定义
    私有出错处理的定义
    私有游标的定义
    函数定义
    过程定义
END[包名];
```

7.1.2　能力目标

掌握包说明和包主体创建的语法格式,了解公有元素与私有元素的区别。

7.1.3　任务驱动

任务 1:创建一个包,包名为 stu_package。其中包括一个存储过程,根据学生学号返回该学生的选课数量;还包括一个存储函数,根据学生学号返回该学生的平均成绩。包的说明创建程序运行效果如图 7.1 所示。包的主体创建程序运行效果如图 7.2 所示。

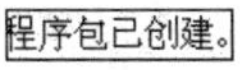

程序包已创建。　　　　　　　　　　　　　　　　程序包体已创建。

图 7.1　包的说明创建程序运行效果 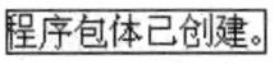　　　　　图 7.2　包的主体创建程序运行效果

1. 任务的解析步骤

(1) 包说明的创建

① 在包说明的部分中声明一个存储过程,给出形参列表,分别定义一个输入和输出形参,一个形参获取学生学号,另一个形参返回学生的选课数量。

② 在包说明的部分中声明一个存储函数,给出形参列表,定义一个形参用来获取学生学号,指明函数返回值的数据类型。

③ 存储过程和存储函数的声明只包括原型信息,不包括任何实现代码。

（2）包主体的创建

① 包主体是包说明部分的具体实现，只有在包说明已经创建的前提下，才可以创建包主体。

② 在包主体的部分中，定义在包说明部分里声明的存储过程，给出形参列表，分别定义一个输入和输出形参，一个形参获取学生学号，另一个形参返回学生的选课数量。

③ 根据 IN 模式参数获取的学号，通过 SELECT...INTO 赋值语句将该学生的选课数量查询出来赋值给 OUT 模式参数。

④ OUT 模式参数将该学生的选课数量返回给调用者。

⑤ 在包主体的部分中，定义在包说明部分里声明的存储函数，给出形参列表，定义一个形参用来获取学生学号，指明函数返回值的数据类型。

⑥ 定义一个变量来存放平均成绩。

⑦ 根据形参获得的学号，通过 SELECT...INTO 赋值语句将该学生的平均成绩赋值给变量。

⑧ 通过 RETURN 语句返回该学生的平均成绩。

2. 源程序的实现

包说明的创建如下。

```
CREATE OR REPLACE PACKAGE stu_package
IS
    PROCEDURE get_num(v_sno IN student.sno%TYPE,v_num OUT NUMBER);
    FUNCTION get_grade(v_sno student.sno%TYPE)
    RETURN sc.grade%TYPE;
END stu_package;
```

包主体的创建如下。

```
CREATE OR REPLACE PACKAGE BODY stu_package
IS
    PROCEDURE get_num(v_sno IN student.sno%TYPE,v_num OUT NUMBER)
    IS
    BEGIN
        SELECT COUNT(CNO)INTO v_num FROM sc WHERE sno=v_sno;
    END get_num;
    FUNCTION get_grade(v_sno student.sno%TYPE)
    RETURN sc.grade%TYPE
    IS
        v_grade sc.qrade%TYPE;
    BEGIN
    SELECT AVG(grade) INTO v_grade FROM sc WHERE sno=v_sno;
    RETURN v_grade;
    END get_grade;
END stu_package;
```

任务 2：创建一个管理员工薪水的包，包名为 salary_package。其中包括一个为员工涨薪水的存储过程，根据指定的员工编号涨指定数量的工资；还包括一个为员工降薪水的存储过程，根据指定的员工编号降低指定数量的工资；还有两个全局变量用来记录所有员工薪水增加或减少的数额。包的说明创建程序运行效果如图 7.1 所示。包的主体创建程序运行效果如图 7.2 所示。

1. 任务的解析步骤

（1）包说明的创建

① 在包说明的部分中声明一个涨薪的存储过程和一个降薪的存储过程，给出形参列表，定义两个 IN 模式参数分别获取员工编号和涨薪或降薪的数额。

② 定义两个全局变量，用来记录所有员工薪水增加或减少的数额。

③ 两个存储过程的声明只包括原型信息，不包括任何实现代码。

（2）包主体的创建

① 包主体是包说明部分的具体实现，只有在包说明已经创建的前提下，才可以创建包主体。

② 在包主体的部分中，定义在包说明部分里声明的涨薪过程，给出形参列表，定义两个 IN 模式参数分别获取员工编号和涨薪数额。

③ 根据 IN 模式参数获取的员工编号和涨薪数额，通过 UPDATE 更新语句实现给指定员工涨指定数量的工资。

④ 通过全局变量累加，记录所有员工薪水增加的数额。

⑤ 在包主体的部分中，定义在包说明部分里声明的减薪过程，给出形参列表，定义两个 IN 模式参数分别获取员工编号和减薪数额。

⑥ 根据 IN 模式参数获取的员工编号和减薪数额，通过 UPDATE 更新语句实现给指定员工减少指定数量的工资。

⑦ 通过全局变量累加，记录所有员工薪水减少的数额。

2. 源程序的实现

包说明的创建如下。

```
CREATE OR REPLACE PACKAGE salary_package
IS
    PROCEDURE raise_salary(v_empno emp.empno%TYPE,v_num emp.salary%TYPE);
    PROCEDURE reduce_salary(v_empno emp.empno%TYPE,v_num emp.salary%TYPE);
    v_raise_salary emp.salary%TYPE:=0;
    v_reduce_salary emp.salary%TYPE:=0;
END salary_package;
```

包主体的创建如下。

```
CREATE OR REPLACE PACKAGE BODY salary_package
IS
    PROCEDURE raise_salary(v_empno emp.empno%TYPE,v_num emp.salary%TYPE)
    IS
    BEGIN
        UPDATE emp SET salary=salary+v_num WHERE empno=v_empno;
        v_raise_salary:=v_raise_salary+v_num;
    END raise_salary;
```

```
PROCEDURE reduce_salary(v_empno emp.empno%TYPE,v_num emp.salary%TYPE)
IS
BEGIN
    UPDATE emp SET salary=salary-v_num WHERE empno=v_empno;
    v_reduce_salary:=v_reduce_salary+v_num;
END reduce_salary;
END salary_package;
```

7.1.4 实践环节

创建一个包,包名为 dept_package。其中包括一个存储过程,根据部门编号返回该部门的名称;还包括一个存储函数,根据部门编号返回该部门人数。

7.2 包 的 调 用

7.2.1 核心知识

在包说明中声明的任何元素都是公有的,在包的外部都是可见的,可以通过"包名.元素名"的形式进行调用,在包主体中可以通过"元素名"直接进行调用。但是,在包主体中定义而没有在包说明中声明的元素是私有的,只能在包主体中被引用。

包中的存储过程与存储函数的调用方法和前面讲的单独的存储过程与存储函数的调用方法基本相同,唯一的区别在于在被调用的存储过程和存储函数前必须指明其所在包的名字。

7.2.2 能力目标

掌握包中各元素的调用方法。

7.2.3 任务驱动

任务1：从 PL/SQL 程序中调用包 stu_package 中的存储过程 get_num,查询学号为 20120003 学生的选课数量,并输出。程序运行效果如图 7.3 所示。

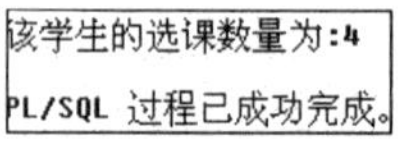

```
该学生的选课数量为:4
PL/SQL 过程已成功完成。
```

图 7.3 调用包 stu_package 中存储过程
get_num 的程序运行效果

（1）任务的解析步骤

① 定义一个变量来存放学生的选课数量。

② 在 BEGIN 执行部分中通过"包名.元素名"直接调用存储过程,并给出实参列表。有两个实参,第一个实参为学生编号 20120003,第二个实参为刚定义的变量,用来存放 OUT 模式参数返回的选课数量。

③ 输出变量的值,即该学生的选课数量。

（2）源程序的实现

```
DECLARE
    v_num NUMBER;
BEGIN
```

```
    stu_package.get_num('20120003',v_num);
    DBMS_OUTPUT.PUT_LINE('该学生的选课数量为:'||v_num);
END;
```

任务 2：从 PL/SQL 程序中调用包 stu_package 中的存储函数 get_grade，返回学号为 20120003 学生的平均成绩，并输出。程序运行效果如图 7.4 所示。

（1）任务的解析步骤

① 定义一个变量来存放函数的返回值。

② 在 BEGIN 执行部分中通过赋值表达，利用"包名.元素名"实现函数的调用，并给出实参列表，学号 20120003 为实参。

③ 输出函数的返回值，即该学生的平均成绩。

（2）源程序的实现

```
DECLARE
    v_grade sc.grade%TYPE;
BEGIN
    v_grade:=stu_package.get_grade('20120003');
    DBMS_OUTPUT.PUT_LINE('该学生的平均成绩为:'||v_grade);
END;
```

任务 3：从 PL/SQL 程序中调用包 salary_package 中的存储过程 raise_salary，给编号为 2001 的员工工资涨 800 元，并输出该员工涨薪前和涨薪后的工资。调用包 salary_package 中的存储过程 reduce_salary，给编号为 2002 的员工工资降 200 元，并输出该员工降薪前和降薪后的工资。程序运行效果如图 7.5 所示。

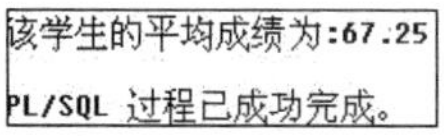

图 7.4　调用包 stu_package 中存储函数 get_grade 的程序运行效果

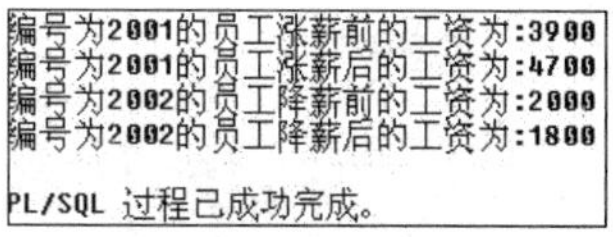

图 7.5　调用包 salary_package 中的涨薪过程和降薪过程的程序运行效果

（1）任务的解析步骤

① 定义一个变量来存放某一时刻查询出来的员工工资。

② 在语句执行部分，通过 SELECT...INTO 赋值语句找到 2001 员工涨薪前的工资，并输出。

③ 通过"包名.元素名"直接调用涨薪的存储过程，并给出实参列表。第一个实参为员工编号 2001，第二个实参为涨薪数额 800 元，实现给指定员工涨指定数量的工资。

④ 通过 SELECT...INTO 赋值语句找到 2001 员工涨薪后的工资，并输出。

⑤ 通过 SELECT...INTO 赋值语句找到 2002 员工降薪前的工资，并输出。

⑥ 通过"包名.元素名"直接调用降薪的存储过程，并给出实参列表。第一个实参为员工编号 2002，第二个实参为降薪数额 200 元，实现给指定员工减指定数量的工资。

⑦ 再次通过 SELECT...INTO 赋值语句找到 2002 员工降薪后的工资，并输出。

（2）源程序的实现

```
DECLARE
    v_salary emp.salary%TYPE;
BEGIN
    SELECT salary INTO v_salary FROM emp WHERE empno='2001';
    DBMS_OUTPUT.PUT_LINE('编号为 2001 的员工涨薪前的工资为:'||v_salary);
    salary_package.raise_salary('2001',800);
    SELECT salary INTO v_salary FROM emp WHERE empno='2001';
    DBMS_OUTPUT.PUT_LINE('编号为 2001 的员工涨薪后的工资为:'||v_salary);
    SELECT salary INTO v_salary FROM emp WHERE empno='2002';
    DBMS_OUTPUT.PUT_LINE('编号为 2002 的员工降薪前的工资为:'||v_salary);
    salary_package.reduce_salary('2002',200);
    SELECT salary INTO v_salary FROM emp WHERE empno='2002';
    DBMS_OUTPUT.PUT_LINE('编号为 2002 的员工降薪后的工资为:'||v_salary);
END;
```

7.2.4 实践环节

（1）根据 7.1.4 小节中创建的包 dept_package，从 PL/SQL 程序中调用包中的存储过程，实现输出部门编号为"10"的部门名称。

（2）根据 7.1.4 小节中创建的包 dept_package，从 PL/SQL 程序中调用包中的存储函数，实现输出部门编号为"10"的员工人数。

7.3　包的重载

7.3.1 核心知识

在包的内部，过程和函数可以被重载。

（1）重载子程序必须同名不同参，即名称相同，参数不同。参数不同体现为参数的个数、顺序、类型等不同。

（2）如果两个子程序参数仅是名称和模式不同，则这两个子程序不能重载。

例如，以下两个过程不能进行重载。

```
PROCEDURE overloading(parameter1 IN NUMBER);
PROCEDURE overloading(parameter2 OUT NUMBER);
```

（3）不能仅根据两个函数返回值类型不同而对它们进行重载。

例如，以下两个函数不能进行重载。

```
FUNCTION overloading RETURN CHAR;
FUNCTION overloading RETURN DATE;
```

（4）重载子程序的参数的类型系列方面必须不同。

例如，下面的重载是错误的。

```
PROCEDURE overloading(parameter1 IN CHAR);
PROCEDURE overloading(parameter2 IN VARCHAR2);
```

7.3.2 能力目标

掌握包的重载方法,了解重载的注意事项。

7.3.3 任务驱动

任务:创建并调用包,完成下列功能。

(1) 在一个包中重载两个过程,分别以部门编号和部门名称为参数,输出相应部门的基本信息。

(2) 在 PL/SQL 块中调用此包中的过程,实现输出部门编号为"10"的部门信息。程序运行效果如图 7.6 所示。

(3) 在 PL/SQL 块中调用此包中的过程,实现输出部门名称为"客服部"的部门信息。程序运行效果如图 7.7 所示。

```
部门名称为:财务部,地点为:上海
PL/SQL 过程已成功完成。
```

图 7.6　功能(2)调用包中存储过程的　　　图 7.7　功能(3)调用包中存储过程的
　　　　程序运行效果　　　　　　　　　　　　　　程序运行效果

```
部门编号为:50      ,地点为:北京
PL/SQL 过程已成功完成。
```

1. 任务的解析步骤

(1) 包的创建

① 在包说明的部分中声明两个存储过程,名称相同,参数不同。

② 在包主体的部分中,定义在包说明部分里声明的两个存储过程,给出形参列表。

③ 定义一个变量来存放部门的基本信息。

④ 根据形参获得的值,通过 SELECT…INTO 赋值语句将该部门的基本信息赋值给变量。

⑤ 输出该部门的基本信息。

(2) 包中存储过程的调用

在 BEGIN 执行部分中通过"包名.元素名"直接调用存储过程,并给出实参列表与形参列表一一对应。

2. 源程序的实现

(1) 包的创建

包说明的创建如下。

```
CREATE OR REPLACE PACKAGE pkg_overload
AS
    PROCEDURE get_dept(v_deptno NUMBER);
    PROCEDURE get_dept(v_dname dept.dname%TYPE);
END pkg_overload;
```

包主体的创建:

```
CREATE OR REPLACE PACKAGE BODY pkg_overload
AS
```

```
PROCEDURE get_dept(v_deptno NUMBER)
AS
    v_dept dept%ROWTYPE;
BEGIN
    SELECT * INTO v_dept FROM dept WHERE deptno=v_deptno;
    DBMS_OUTPUT.PUT_LINE('部门名称为:'||v_dept.dname||','||'地点为:'||v_dept.loc);
END get_dept;
PROCEDURE get_dept(v_dname dept.dname%TYPE)
AS
    v_dept dept%ROWTYPE;
BEGIN
    SELECT * INTO v_dept FROM dept WHERE dname=v_dname;
    DBMS_OUTPUT.PUT_LINE('部门编号为:'||v_dept.deptno||','||'地点为:'||v_dept.loc);
END get_dept;
END pkg_overload;
```

(2) 功能(2)包中存储过程的调用

```
BEGIN
    pkg_overload.get_dept(10);
END;
```

(3) 功能(3)包中存储过程的调用

```
BEGIN
    pkg_overload.get_dept('客服部');
END;
```

7.3.4 实践环节

创建并调用包,完成下列功能。

(1) 在一个包中重载两个过程,分别以课程编号和课程名称为参数,输出相应课程的基本信息。

(2) 在 PL/SQL 块中调用此包中的过程,实现输出课程编号为"c1"的课程信息。

(3) 在 PL/SQL 块中调用此包中的过程,实现输出课程名称为"java"的课程信息。

7.4 包 的 管 理

7.4.1 核心知识

1. 修改包

可以使用 CREATE OR REPLACE PACKAGE 语句重新创建并覆盖原有的包说明,使用 CREATE OR REPLACE PACKAGE BODY 语句重新创建并覆盖原有的包主体。

2. 删除包

可以使用 DROP PACKAGE 语句删除整个包,也可以使用 DROP PACKAGE BODY 语句只删除包主体。当包的说明被删除时,要求包的主体也必须删除;当删除包的主体时,可以不删除包的说明。

3. 查看包语法错误

查看刚编译的包说明或包主体出现错误的详细信息,使用 SHOW ERRORS 命令。

4. 查看包结构

通过执行 DESC 命令可以查看包的基本结构,包括包的公有元素、元素的数据类型、包中存储过程的形式参数、形式参数的数据类型、包中存储函数的形式参数、形式参数的数据类型及存储函数的返回值类型等信息。

5. 查看包源代码

包的源代码通过查询数据字典 USER_SOURCE 中的 TEXT 即可获得。

6. 系统包

Oracle 事先定义的包称为系统包,这些包可以供用户使用。常用的系统包如表 7.2 所示。

表 7.2　常用的系统包

系统包	功　能
DBMS_OUTPUT	从一个存储过程中输出信息
DBMS_MAIL	将 Oracle 系统与 Oracle * Mail 连接起来
DBMS_LOCK	进行复杂的锁机制管理
DBMS_ALERT	标识数据库中发生的某个警告事件
DBMS_PIPE	在不同会话间传递信息(管道通信)
DBMS_JOB	管理作业队列中的作业
DBMS_LOB	操纵大对象(CLOB、BLOB、BFILE 等类型的值)
DBMS_SQL	动态 SQL 语句(通过该包可在 PL/SQL 中执行 DDL 命令)

7.4.2　能力目标

掌握修改和删除包的语法格式,熟悉查看包语法错误、包结构和包源代码的方法,了解系统包的功能。

7.4.3　任务驱动

任务 1:分别删除包 pkg_overload 的主体部分和说明部分。程序运行效果如图 7.8 和图 7.9 所示。

程序包体已删除。　　　　　　　　程序包已删除。

图 7.8　删除包的主体部分　　　　图 7.9　删除包的说明部分

(1) 任务的解析方法

利用 DROP 语法结构进行包主体和包说明的删除。

(2) 源程序的实现

```
DROP PACKAGE BODY pkg_overload;
DROP PACKAGE pkg_overload;
```

任务 2：根据图 7.10 给出的包说明的创建，查看它的语法错误。

查看包说明的语法错误，运行效果如图 7.11 所示。

```
SQL> CREATE OR REPLACE PACKAGE emp_package
  2  IS
  3  PROCEDURE get_mgr(v_deptno IN emp.deptno%ROWTYPE,
  4                    mgr_ename OUT emp.ename%TYPE);
  5  FUNCTION get_count(v_deptno  emp.deptno%TYPE)
  6  RETURN number;
  7  END;
  8  /
警告：创建的包带有编译错误。
```

```
PACKAGE EMP_PACKAGE 出现错误：

LINE/COL ERROR
-----------------------------------------------------
3/1      PL/SQL: Declaration ignored
3/31     PLS-00310: 使用 %ROWTYPE 属性时，'EMP.DEPTNO' 必须命名表，
         游标或游标变量
```

图 7.10　创建包说明的程序运行效果　　　　图 7.11　查看语法错误的程序运行效果

（1）任务的解析方法

使用 SHOW ERRORS 命令显示刚编译的包说明的出错信息。

（2）源程序的实现

```
SHOW ERRORS;
```

任务 3：查看包 stu_package 的基本结构。程序运行效果如图 7.12 所示。

```
FUNCTION GET_GRADE RETURNS NUMBER
参数名称                            类型                    输入/输出默认值?
---------------------------------   ---------------------   -------------------
  V_SNO                             CHAR(8)                 IN
PROCEDURE GET_NUM
参数名称                            类型                    输入/输出默认值?
---------------------------------   ---------------------   -------------------
  V_SNO                             CHAR(8)                 IN
  V_NUM                             NUMBER                  OUT
```

图 7.12　包 stu_package 的基本结构

（1）任务的解析方法

通过执行 DESC 命令查看包的基本结构。

（2）源程序的实现

```
DESC stu_package;
```

任务 4：查看包 stu_package 的源代码。程序运行效果如图 7.13 所示。

```
TEXT
-----------------------------------------------------
PACKAGE stu_package
IS
PROCEDURE get_num (v_sno IN student.sno%TYPE,v_num OUT NUMBER);
FUNCTION get_grade (v_sno student.sno%TYPE)
RETURN sc.grade%TYPE;
END stu_package;
PACKAGE BODY stu_package
IS
PROCEDURE get_num(v_sno IN student.sno%TYPE,v_num OUT NUMBER)
     IS
     BEGIN
       SELECT COUNT(CNO) INTO v_num FROM sc WHERE sno=v_sno;
END get_num;
   FUNCTION get_grade(v_sno student.sno%TYPE)
   RETURN sc.grade%TYPE
IS
   v_grade sc.grade%TYPE;
   BEGIN
   SELECT AVG(grade) INTO v_grade FROM sc WHERE sno=v_sno;
   RETURN v_grade;
   END get_grade;
END stu_package;
已选择22行。
```

图 7.13　包 stu_package 的源代码

（1）任务的解析步骤

① 利用 SELECT 语句查询数据字典 USER_SOURCE 中的 TEXT 即可获得包的源代码。

② 在数据字典中,包的名字是以大写方式存储的。

（2）源程序的实现

```
SELECT TEXT
FROM USER_SOURCE
WHERE NAME='STU_PACKAGE';
```

7.4.4　实践环节

（1）删除包 stu_package 的主体部分和说明部分。

（2）查看包 salary_package 的基本结构。

（3）查看包 salary_package 的源代码。

7.5　小　　结

- 程序包可以将若干个存储过程或者存储函数组织起来,作为一个对象进行存储。
- 一个程序包通常由包说明和包主体两个部分组成。包说明中过程和函数的声明只包括原型信息,不包括任何实现代码。只有在包说明已经创建的前提下,才可以创建包主体,包主体是包说明部分的具体实现。
- 包中的存储过程与存储函数的调用方法和前面讲的单独的存储过程与存储函数的调用方法基本相同,唯一的区别在于在被调用的存储过程和存储函数前必须指明其所在包的名字。
- 在包的内部,过程和函数可以被重载。也就是说,可以有一个以上的名称相同但参数不同的过程或函数。
- Oracle 提供了若干具有特殊功能的系统包,这些包可以供用户使用。

习　题　7

1. 存储包中不包含的元素为（　　）。

    A. 存储过程　　　　　　B. 存储函数　　　　　　C. 游标　　　　D. 表

2. 以下有关包的说法不正确的是（　　）。

    A. 创建包分为两个部分,分别为包说明和包主体

    B. 包主体是包说明部分的具体实现,它们的创建不分先后

    C. 包说明部分声明的元素为公有元素,可以被包外的其他 PL/SQL 程序块访问

    D. 包主体部分声明的元素为私有元素,只有同一个包中的过程和函数才能访问

3. 关于包的管理命令,说法不正确的是（　　）。

    A. 可以使用 DROP PACKAGE 语句删除整个包

    B. 可以使用 DROP PACKAGE BODY 语句只删除包主体

    C. 当包说明被删除时,可以不删除包主体

    D. 当包主体被删除时,可以不删除包说明

4. 创建并调用包,完成下列功能。

（1）创建一个包,包名为 emp_package。其中包括一个存储过程,根据部门编号返回该部门的经理;还包括一个存储函数,根据部门编号返回该部门的员工人数。

（2）在 PL/SQL 块中调用此包中的过程,实现输出部门编号为"10"的部门经理的姓名。

（3）在 PL/SQL 块中调用此包中的函数,实现输出部门编号为"10"的员工人数。

5. 在第 4 题中,调用包中的存储过程和存储函数都需要一个输入参数为部门编号。

（1）试重新编写包 emp_package,用一个公有变量表示部门编号,这样存储过程、存储函数和包外部的程序都可以使用此变量。

（2）使用 PL/SQL 程序调用包中的存储过程和存储函数,输出某一部门的经理姓名和该部门的员工人数,部门编号由键盘随机输入。

触 发 器

本章将学习触发器的相关概念,触发器的种类,触发器的组成,语句级触发器的创建和使用,谓词的应用,行级触发器的创建和使用,标识符的应用,INSTEAD OF 触发器的创建和使用,系统事件触发器的创建和使用,用户事件触发器的创建和使用,触发器的管理命令。

8.1 语句级触发器

8.1.1 核心知识

1. 触发器简介

在结构上,触发器非常类似于存储过程,都是为实现特殊的功能而执行的代码块。不过,触发器不允许用户显示传递参数,不能够返回参数值,也不允许用户调用触发器。触发器只能由 Oracle 在合适的时机自动调用。

触发器按照触发事件类型和对象不同,可以分为以下几类:语句级触发器、行级触发器、INSTEAD OF 触发器、系统事件触发器和用户事件触发器。

触发器创建之前,必须先确定好其触发时间、触发事件以及触发器的类型。触发器的组成如表 8.1 所示。

表 8.1 触发器的组成

组成部分	描　　述	可　能　值
作用对象	触发器作用的对象	表、数据库、视图、模式
触发事件	触动触发器的数据操作类型	DML、DDL、数据库系统事件
触发时间	与触发事件的时间次序	BEFORE、AFTER

续表

组成部分	描　　述	可　能　值
触发级别	触发器体被执行的次数	STATEMENT、ROW
触发条件	选择性执行触发事件的条件	TRUE、FALSE
触发器体	该触发器将要执行的动作	完整的 PL/SQL 块

2. 语句级触发器

通过 CREATE TRIGGER 语句创建一个语句级触发器,该触发器在一个数据操作语句 DML 发生时只触发一次。

(1) 语句级触发器创建的语法

```
CREATE [OR REPLACE] TRIGGER trigger_name
[BEFORE|AFTER] trigger_event1 [OR trigger_event2...] [OF column_name]
ON table_name
PL/SQL block
```

说明:

① trigger_name 指触发器名,触发器存在于单独的名字空间中,可以与其他对象同名,而过程、函数、包具有相同的名字空间,因此相互间不能同名。

② trigger_event 指明触发事件的数据操纵语句,取值为 INSERT、UPDATE 或 DELETE。

③ column_name 指明表中的某一个属性列,用 UPDATE OF column_name 指明 UPDATE 事件只有在修改特定列时才触发,否则修改任何一列都触发。

④ table_name 指明与该触发器相关联的表名。

⑤ PL/SQL block 指触发器体,指明该触发器将执行的操作。

(2) 使用触发器谓词

如果触发器响应多个 DML 事件,而且需要根据事件的不同进行不同的操作,则可以在触发器体中使用谓词判断是哪个触发事件触动了触发器。触发器谓词的行为和值如表 8.2 所示。

表 8.2　触发器谓词的行为和值

谓　词	行　　为
INSERTING	如果触发事件是 INSERT 操作,则谓词的值为 TRUE;否则为 FALSE
UPDATING	如果触发事件是 UPDATE 操作,则谓词的值为 TRUE;否则为 FALSE
DELETING	如果触发事件是 DELETE 操作,则谓词的值为 TRUE;否则为 FALSE

8.1.2　能力目标

了解触发器的种类和组成,掌握语句级触发器的创建和使用,熟悉触发器谓词的应用。

8.1.3　任务驱动

任务 1:创建一个语句级触发器,当执行删除员工表 emp 中员工信息操作后,输出提示信息"您执行了删除操作……"。

当对员工表 emp 执行 DELETE 删除操作后,触发器就会被自动地调用并执行相应的语句。测试该触发器的程序运行效果如图 8.1 所示。

(1) 任务的解析步骤

① 确定触发器作用的对象为员工表 emp。

② 确定触发的事件为删除操作。

③ 确定触发的时间为 AFTER。

④ 确定触发的级别为语句级触发器。

⑤ 确定触发器要执行的是输出一条提示信息。

⑥ 为触发器设定一个名称,按照语法格式创建触发器。

(2) 源程序的实现

```
CREATE OR REPLACE TRIGGER delete_trigger1
AFTER DELETE ON emp
BEGIN
    DBMS_OUTPUT.PUT_LINE('您执行了删除操作...');
END delete_trigger;
```

```
SQL> DELETE FROM emp WHERE deptno=50;
您执行了删除操作……

已删除2行。
```

图 8.1　测试语句级触发器

任务 2:创建一个 BEFORE 型语句级触发器,禁止周六、周日对选课表 sc 进行 DML 操作,如果在周六、周日对选课表进行了任何操作,则中断操作,并提示用户不允许在此时间对选课表进行操作。

```
SQL> DELETE FROM sc WHERE sno='20120001';
DELETE FROM sc WHERE sno='20120001'
          *
第 1 行出现错误:
ORA-20200: 不能在周末对选课表做DML操作!
ORA-06512: 在 "SYSTEM.SC_TRIGGER", line 3
ORA-04088: 触发器 'SYSTEM.SC_TRIGGER' 执行过程中出错
```

图 8.2　测试语句级触发器

当删除学生表中学生的选课记录时,触发器就会被自动地调用并执行相应的语句。测试该触发器的程序运行效果如图 8.2 所示。

(1) 任务的解析步骤

① 确定触发器作用的对象为选课表 sc。

② 确定触发的事件为插入操作、更新操作或删除操作。

③ 确定触发的时间为 BEFORE。

④ 确定触发的级别为语句级触发器。

⑤ 确定触发器体,通过条件语句判断当前日期是否为"星期六"或"星期日",若当前日期为周末,则通过 RAISE_APPLICATION_ERROR 存储过程抛出一个错误,给出错误号以及错误提示信息。

⑥ 为触发器设定一个名称,按照语法格式创建触发器。

(2) 源程序的实现

```
CREATE OR REPLACE TRIGGER sc_trigger2
BEFORE INSERT OR UPDATE OR DELETE ON sc
BEGIN
    IF TO_CHAR(sysdate,'DY') IN('星期六','星期日')THEN
        RAISE_APPLICATION_ERROR(-20200,'不能在周末对选课表做 DML 操作!');
    END IF;
END sc_trigger;
```

说明:RAISE_APPLICATION_ERROR 是一个存储过程,作用是抛出某种错误,包括指定的错误号以及错误信息。

任务 3：创建一个语句级触发器，当执行更新学生表 student 中学生年龄的操作时，统计更新后所有学生的平均年龄并输出。

当更新学生表中学生的年龄时，触发器就会被自动地调用并执行相应的语句。测试该触发器的程序运行效果如图 8.3 所示。

```
SQL> SELECT AVG(age) FROM student;

  AVG(AGE)
----------
      20.2

SQL> UPDATE student SET age=age+2 WHERE dept='数学系';
更新后学生的平均年龄为:20.6

已更新2行。
```

图 8.3　测试语句级触发器

（1）任务的解析步骤

① 确定触发器作用的对象为学生表 student。

② 确定触发的事件为更新学生年龄属性列的操作。

③ 确定触发的时间为 AFTER。

④ 确定触发的级别为语句级触发器。

⑤ 确定触发器要通过 SELECT…INTO 语句将更新后的学生平均年龄查询出来赋值给相应变量，并且输出更新后的学生平均年龄，即该变量的值。

⑥ 为触发器设定一个名称，按照语法格式创建触发器。

（2）源程序的实现

```
CREATE OR REPLACE TRIGGER update_trigger3
AFTER UPDATE OF age ON student
DECLARE
    v_avg NUMBER;
BEGIN
    SELECT AVG(age) INTO v_avg FROM student;
    DBMS_OUTPUT.PUT_LINE('更新后学生的平均年龄为:'||v_avg);
END update_trigger;
```

任务 4：创建一个 AFTER 型语句级触发器，当对员工表 emp 执行插入操作时，统计插入操作后的员工人数并输出；当对员工表 emp 执行更新操作时，统计更新操作后的员工平均工资并输出；当对员工表 emp 执行删除操作时，统计删除后的员工最小年龄并输出。

当对员工表 emp 执行插入操作、更新操作或者删除操作时，触发器就会被自动地调用并执行相应的语句。

通过插入操作测试该触发器的程序运行效果如图 8.4 所示。

```
SQL> SELECT COUNT(*) FROM emp;

 COUNT(*)
----------
       16

SQL> INSERT INTO emp
  2  VALUES('5003','小明','男',24,'维修员','5001',2600,'50');
员工人数为:17

已创建 1 行。
```

图 8.4　通过插入操作测试语句级触发器

通过更新操作测试该触发器的程序运行效果如图 8.5 所示。

通过删除操作测试该触发器的程序运行效果如图 8.6 所示。

```
SQL> SELECT AVG(salary) FROM emp;

AVG(SALARY)
-----------
       3150

SQL> UPDATE emp SET salary=salary+500 WHERE deptno=30;
员工平均工资为:3243.75

已更新3行。
```

图 8.5　通过更新操作测试语句级触发器

图 8.6　通过删除操作测试语句级触发器

（1）任务的解析步骤

① 确定触发器作用的对象为员工表 emp。

② 确定触发的事件为插入操作、更新操作或删除操作。

③ 确定触发的时间为 AFTER。

④ 确定触发的级别为语句级触发器。

⑤ 确定触发器体，定义三个变量分别存放插入后的员工人数、更新后的平均工资、删除后的最小年龄，通过条件语句判断哪一个触发器谓词为 TRUE，也就是判断哪一个触发事件发生，则执行相应的 SELECT…INTO 赋值语句，并输出对应的变量值。

⑥ 为触发器设定一个名称，按照语法格式创建触发器。

（2）源程序的实现

```
CREATE OR REPLACE TRIGGER emp_trigger4
AFTER INSERT OR UPDATE OR DELETE ON emp
DECLARE
    v_count NUMBER;
    v_sal emp.salary%TYPE;
    v_age emp.age%TYPE;
BEGIN
    IF INSERTING THEN
        SELECT COUNT(*) INTO v_count FROM emp;
        DBMS_OUTPUT.PUT_LINE('员工人数为:'||v_count);
    END IF;
    IF UPDATING THEN
        SELECT AVG(salary) INTO v_sal FROM emp;
        DBMS_OUTPUT.PUT_LINE('员工平均工资为:'||v_sal);
    END IF;
    IF DELETING THEN
        SELECT MIN(age) INTO v_age FROM emp;
        DBMS_OUTPUT.PUT_LINE('员工最小年龄为:'||v_age);
    END IF;
END;
```

8.1.4　实践环节

（1）创建一个语句级触发器，当向部门表 dept 插入部门信息后，输出提示信息"您执行了插入操作……"。

（2）创建一个语句级触发器，当在员工表 emp 中删除员工信息后，统计删除后的员工最高工资、平均工资并输出。

（3）创建一个 AFTER 型语句级触发器，当对学生表 student 执行插入操作时，统计插入操作后学生的最小年龄并输出；当对学生表 student 执行更新操作时，统计更新后学生的平均年龄并输出；当对学生表 student 执行删除操作时，统计删除后学生的总人数并输出。

8.2　行级触发器

8.2.1　核心知识

在创建触发器时，如果使用了 FOR EACH ROW 选项，则表示该触发器为行级触发器。

行级触发器和语句级触发器的区别表现在：当一个 DML 语句操作影响数据库中的多行数据时，对于其中的每个数据行，行级触发器均会被触发一次。

1. 行级触发器创建的语法

```
CREATE [OR REPLACE] TRIGGER trigger_name
[BEFORE|AFTER] trigger_event1 [OR trigger_event2...][OF column_name]
ON table_name
FOR EACH ROW
[WHEN trigger_condition]
PL/SQL block
```

说明：trigger_condition 为指定的限制条件，以确定触发器是否被执行。在触发事件发生并满足此限制条件时，触发器执行；否则，触发器体不被执行。

2. 使用行级触发器标识符

当编写触发器时，如果需要引用被插入和被删除记录的值，或者被更新记录更新前和更新后的值，标识符:old 和:new 就是为这种用途提供的。

在行级触发器中，在列名前加上:old 标识符表示该列变化前的值，在列名前加上:new 标识符表示该列变化后的值。:old 和:new 标识符的含义如表 8.3 所示。

表 8.3 :old 和:new 标识符的含义

触发事件	:old. 列名	:new. 列名
INSERT	所有字段都是 NULL	当该语句完成时将要插入的数值
UPDATE	在更新之前该列的原始值	当该语句完成时将要更新的新值
DELETE	在删除行之前该列的原始值	所有字段都是 NULL

说明：
① 在行级触发器中使用这些标识符。
② 在语句级触发器中不要使用这些标识符。
③ 在触发器的 SQL 语句或 PL/SQL 语句中使用这些标识符时，前面要加":"。
④ 在行级触发器的 WHEN 限制条件中使用这些标识符时，前面不要加":"。

3. 行级触发器使用 WHEN 子句

在行级触发器中使用 WHEN 子句，可以进一步控制触发器的执行。保证当行级触发器被触发时只有在当前行满足一定限制条件时，才执行触发器体的 PL/SQL 语句。

WHEN 子句后面是一个逻辑表达式，当逻辑表达式的值为 TRUE 时，执行触发器体；如果逻辑表达式为 FALSE，不执行触发器体。

8.2.2 能力目标

掌握行级触发器的创建和使用，熟悉行级触发器标识符的应用，理解语句级触发器和行级触发器的区别。

8.2.3 任务驱动

任务 1：创建一个行级触发器，当更新学生表 student 中的学生信息后，输出提示信息

"您执行了更新操作……"。

当对学生表 student 执行 UPDATE 更新操作后,触发器就会被自动地调用并执行相应的语句,并且 UPDATE 语句涉及几行记录,触发器就会被执行几次。测试该触发器的程序运行效果如图 8.7 所示。

```
SQL> UPDATE student SET age=age+1 WHERE sex='女';
您执行了更新操作…
您执行了更新操作…
您执行了更新操作…
您执行了更新操作…
您执行了更新操作…

已更新5行。
```
图 8.7   测试行级触发器 1

(1)任务的解析步骤

① 确定触发器作用的对象为学生表 student。

② 确定触发的事件为更新操作。

③ 确定触发的时间为 AFTER。

④ 确定触发的级别为行级触发器,使用 FOR EACH ROW 子句。

⑤ 确定触发器要执行的是输出提示信息。

⑥ 为触发器设定一个名称,按照语法格式创建触发器。

(2)源程序的实现

```
CREATE OR REPLACE TRIGGER update_trigger5
AFTER UPDATE ON student
FOR EACH ROW
BEGIN
    DBMS_OUTPUT.PUT_LINE('您执行了更新操作...');
END update_trigger;
```

任务 2:创建一个行级 UPDATE 触发器,当更新学生表 student 中某个学生的系别名称时,激发触发器,输出该学生的学号以及修改前的系别名称与修改后的系别名称。

当对学生表中系别名称属性列执行 UPDATE 更新操作后,触发器就会被自动地调用并执行相应的语句,并且 UPDATE 语句涉及几行记录,触发器就会被执行几次。测试该触发器的程序运行效果如图 8.8 所示。

```
SQL> UPDATE student SET dept='电气工程系' WHERE age<19;
学生的学号为:20120001
修改前的系别名称为:计算机系
修改后的系别名称为:电气工程系
学生的学号为:20120009
修改前的系别名称为:管理系
修改后的系别名称为:电气工程系

已更新2行。
```
图 8.8   测试行级触发器 2

(1)任务的解析步骤

① 确定触发器作用的对象为学生表 student。

② 确定触发的事件为更新系别名称属性列的操作。

③ 确定触发的时间为 AFTER。

④ 确定触发的级别为行级触发器,使用 FOR EACH ROW 子句。

⑤ 确定触发器要执行的是输出学生相关信息,使用:old 和:new 标识符表示更新前和更新后的值。

⑥ 为触发器设定一个名称,按照语法格式创建触发器。

(2)源程序的实现

```
CREATE OR REPLACE TRIGGER update_trigger6
AFTER UPDATE OF dept ON student
FOR EACH ROW
BEGIN
DBMS_OUTPUT.PUT_LINE('学生的学号为:'||:old.sno);
```

```
DBMS_OUTPUT.PUT_LINE('修改前的系别名称为:'||:old.dept);
DBMS_OUTPUT.PUT_LINE('修改后的系别名称为:'||:new.dept);
END;
```

任务 3：创建一个行级 DELETE 触发器,当删除部门表 dept 中某个部门信息时,激发触发器,同时删除员工表 emp 中该部门的所有员工信息。

当删除部门表信息时,触发器就会被自动地调用并执行相应的语句,并且 DELETE 语句涉及几行记录,触发器就会被执行几次。

创建触发器之前 DELETE 语句执行的效果如图 8.9 所示。

创建触发器之后 DELETE 语句执行的效果如图 8.10 所示。

```
SQL> DELETE FROM dept WHERE deptno='20';
DELETE FROM dept WHERE deptno='20'
             *
第 1 行出现错误:
ORA-02292: 违反完整约束条件 (SYSTEM.SYS_C005717) - 已找到子记录
```

图 8.9　创建触发器之前 DELETE 语句执行的效果

```
SQL> DELETE FROM dept WHERE deptno='20';
已删除 1 行。
```

图 8.10　创建触发器之后 DELETE 语句执行的效果

(1) 任务的解析步骤

① 确定触发器作用的对象为部门表 dept。

② 确定触发的事件为删除操作。

③ 确定触发的时间为 BEFORE。

④ 确定触发的级别为行级触发器,使用 FOR EACH ROW 子句。

⑤ 确定触发器要执行的是从员工表中删除某部门的员工信息,使用:old 标识符获取删除前的部门编号。

⑥ 为触发器设定一个名称,按照语法格式创建触发器。

(2) 源程序的实现

```
CREATE OR REPLACE TRIGGER delete_trigger7
BEFORE DELETE ON dept
FOR EACH ROW
BEGIN
    DELETE FROM emp WHERE deptno=:old.deptno;
END delete_trigger;
```

任务 4：使用 WHEN 子句创建一个行级触发器,修改员工工资时,保证修改后的工资高于修改前的工资,否则请利用 RAISE_APPLICATION_ERROR 过程抛出错误号"－20001"的错误,错误信息为"修改后的工资低于修改前的工资,钱不够花呀!"。

当修改员工工资时,如果修改后的工资低于修改前的工资,触发器就会被自动地调用并执行相应的语句,并且 UPDATE 语句涉及几行记录,触发器就会被执行几次。测试该触发器的程序运行效果如图 8.11 所示。

(1) 任务的解析步骤

① 确定触发器作用的对象为员工表 emp。

② 确定触发的事件为更新工资属性列的

```
SQL> UPDATE emp SET salary=1500 WHERE empno='1001';
UPDATE emp SET salary=1500 WHERE empno='1001'
                *
第 1 行出现错误:
ORA-20001: 修改后的工资低于修改前的工资,钱不够花呀!
ORA-06512: 在 "SYSTEM.UPDATE_TRIGGER8", line 2
ORA-04088: 触发器 'SYSTEM.UPDATE_TRIGGER8' 执行过程中出错
```

图 8.11　测试行级触发器 3

操作。

③ 确定触发的时间为 BEFORE。

④ 确定触发的级别为行级触发器,使用 FOR EACH ROW 子句。

⑤ 通过 WHEN 子句,使用行级触发器标识符表示修改前和修改后的工资,并进行大小比较,如果逻辑表达式为真,则执行触发器体。

⑥ 在触发器体中,通过 RAISE_APPLICATION_ERROR 存储过程抛出一个错误,给出错误号以及错误提示信息。

⑦ 为触发器设定一个名称,按照语法格式创建触发器。

(2) 源程序的实现

```
CREATE OR REPLACE TRIGGER update_trigger8
BEFORE UPDATE OF salary ON emp
FOR EACH ROW
WHEN(new.salary<=old.salary)
BEGIN
    RAISE_APPLICATION_ERROR(-20001, '修改后的工资低于修改前的工资,钱不够花呀!');
END;
```

8.2.4　实践环节

(1) 创建一个行级 UPDATE 触发器,当更新课程表 course 中某门课程的学分时,激发触发器,输出该课程的课程号以及修改前的学分与修改后的学分。

(2) 创建一个行级 DELETE 触发器,当删除学生表 student 中某个学生信息时,激发触发器,同时删除选课表 sc 中该学生所有的选课信息。

(3) 创建一个带限制条件的 UPDATE 触发器,修改员工的工资时,只输出"10"号部门员工修改前工资的值与修改后工资的值。

8.3　INSTEAD OF 触发器

8.3.1　核心知识

INSTEAD OF 触发器的主要作用是修改一个本来不可以被修改的视图。INSTEAD OF 触发器是建立在视图上的触发器,响应视图上的 DML 操作。由于对视图的 DML 操作最终会转换为对基本表的操作,因此激发 INSTEAD OF 触发器的 DML 语句本身并不执行,而是转换到触发器体中处理,所以这种类型的触发器被称为 INSTEAD OF(替代)触发器。此外,INSTEAD OF 触发器必须是行级触发器。

INSTEAD OF 触发器创建的语法如下。

```
CREATE [OR REPLACE] TRIGGER trigger_name
INSTEAD OF trigger_event1 [OR trigger_event2...] [OF column_name]
ON view_name
FOR EACH ROW
[WHEN trigger_condition]
PL/SQL block
```

说明：

① INSTEAD OF 是关键字，替换其他类型触发器中的 BEFORE 或 AFTER 标识符。

② view_name 是视图的名字，替换其他类型触发器中的 table_name（表名）。

8.3.2 能力目标

掌握 INSTEAD OF 触发器的创建和使用方法。

8.3.3 任务驱动

任务： INSTEAD OF 触发器的应用。

首先已创建了一个基于学生表 student 和选课表 sc 两个表连接的视图 stu_sc，如图 8.12 所示。

向视图 stu_sc 中插入一条记录，运行结果如图 8.13 所示。

```
SQL> CREATE VIEW stu_sc
  2  AS SELECT student.sno,sname,sex,age,dept,cno,grade
  3     FROM student,sc
  4     WHERE student.sno=sc.sno;

视图已创建。
```

图 8.12　视图 stu_sc 的创建

```
SQL> INSERT INTO stu_sc
  2  VALUES('20120011','小明','男',20,'化工系','c2',83);
INSERT INTO stu_sc
            *
第 1 行出现错误：
ORA-01779: 无法修改与非键值保存表对应的列
```

图 8.13　创建 INSTEAD OF 触发器之前向视图 stu_sc 中插入数据

当视图是在多表连接的基础上创建的，无法对视图进行 DML 操作，因为对视图的 DML 操作就是对基本表进行 DML 操作，而此时创建视图的基本表是多个，所以该操作并不能确定是在哪个基本表上进行的，所以会产生错误。

在视图 stu_sc 上创建一个 INSTEAD OF 触发器，解决上面不能对视图进行 DML 操作的问题。在触发器创建之后，再次执行上面的插入操作，插入语句的运行结果如图 8.14 所示。学生表和选课表中新增的数据如图 8.15 和图 8.16 所示。

```
SQL> INSERT INTO stu_sc
  2  VALUES('20120011','小明','男',20,'化工系','c2',83);
已创建 1 行。
```

图 8.14　创建 INSTEAD OF 触发器之后向视图 stu_sc 中插入数据

```
SQL> SELECT * FROM student WHERE sno='20120011';

SNO       SNAME    SEX    AGE DEPT
--------- -------- ----- ---- ------
20120011  小明     男      20 化工系
```

图 8.15　学生表中新增的数据

```
SQL> SELECT * FROM sc WHERE sno='20120011';

SNO       CNO         GRADE
--------- ----------- ----------
20120011  c2             83
```

图 8.16　选课表中新增的数据

（1）任务的解析步骤

① 确定触发器作用的对象为视图 stu_sc。

② 确定触发器类型为替代触发器。

③ 确定触发的事件为插入操作。

④ 确定触发的级别为行级触发器，使用 FOR EACH ROW 子句。

⑤ 确定触发器要执行的是分别向学生表和选课表中插入数据。

⑥ 为触发器设定一个名称，按照语法格式创建触发器。

（2）源程序的实现

```
CREATE OR REPLACE TRIGGER view_trigger9
INSTEAD OF INSERT ON stu_sc
FOR EACH ROW
BEGIN
    INSERT INTO student(sno,sname,sex,age,dept)
    VALUES(:new.sno,:new.sname,:new.sex,:new.age,:new.dept);
    INSERT INTO sc(sno,cno,grade)
    VALUES(:new.sno,:new.cno,:new.grade);
END view_trigger;
```

8.3.4　实践环节

创建一个基于员工表 emp 和部门表 dept 两个表连接的视图 emp_dept，如图 8.17 所示。

更新视图 emp_dept 中的数据，运行结果如图 8.18 所示。

```
SQL> CREATE VIEW emp_dept
  2  AS SELECT empno,ename,sex,emp.deptno,dname,loc
  3     FROM emp,dept
  4     WHERE emp.deptno=dept.deptno;
视图已创建。
```

图 8.17　视图 emp_dept 的创建

```
SQL> UPDATE emp_dept SET dname='研发部' WHERE empno='2003';
UPDATE emp_dept SET dname='研发部' WHERE empno='2003'
                   *
第 1 行出现错误：
ORA-01779: 无法修改与非键值保存表对应的列
```

图 8.18　创建 INSTEAD OF 触发器之前更新
视图 emp_dept 中的数据

在视图 emp_dept 上创建一个 INSTEAD OF 触发器，解决上面不能对视图进行 DML 操作的问题。

8.4　系统事件与用户事件触发器

8.4.1　核心知识

系统事件是指 Oracle 数据库本身的动作所触发的事件。这些事件主要包括：数据库启动、数据库关闭、系统错误等。用户事件是相对于用户所执行的表（视图）等 DML 操作而言的。常见的用户事件包括：CREATE 事件、TRUNCATE 事件、DROP 事件、ALTER 事件、COMMIT 事件和 ROLLBACK 事件。系统事件与用户事件触发器不是常用的触发器。

触发器创建的语法：

```
CREATE [OR REPLACE] TRIGGER trigger_name
[BEFORE|AFTER] trigger_event1 [OR trigger_event2...] [OF column_name]
ON [DATABASE|SCHEMA]
[WHEN trigger_condition]
PL/SQL block
```

说明：

① 系统事件触发器的作用对象是数据库 DATABASE。

② 用户事件触发器的作用对象一般是 USER.SCHEMA，即将触发器建立在该用户及

用户所拥有的所有对象之上。

8.4.2 能力目标

了解系统事件与用户事件触发器的创建和使用方法。

8.4.3 任务驱动

任务 1：系统事件触发器的应用。

创建一个日志表 database_log,用来存放数据库的启动时间,如图 8.19 所示。

创建一个系统事件触发器,当数据库启动时,自动地将启动时间记录到日志表 database_log 中。启动数据库后,查询日志表 database_log 中的信息如图 8.20 所示。

```
SQL> CREATE TABLE database_log
  2  (startup_date TIMESTAMP);
表已创建。
```

图 8.19 日志表 database_log 的创建

```
SQL> SELECT * FROM database_log;

STARTUP_DATE
---------------------------------
17-7月 -12 11.41.45.000000 上午
```

图 8.20 日志表 database_log 中的信息

(1) 任务的解析步骤

① 确定触发器作用的对象为数据库。

② 确定触发的事件为数据库启动。

③ 确定触发的时间为 AFTER。

④ 确定触发器体里要将数据库启动时间记录到日志表中。

⑤ 为触发器设定一个名称,按照语法格式创建触发器。

(2) 源程序的实现

```
CREATE OR REPLACE TRIGGER database_startup10
AFTER STARTUP ON DATABASE
BEGIN
    INSERT INTO database_log VALUES(sysdate);
END;
```

任务 2：用户事件触发器的应用。

创建一个日志表 login_table,用来存放用户名和登录时间,如图 8.21 所示。

创建一个用户事件触发器,它会在任何人登录到创建该触发器的模式时触发,自动地将用户名和登录时间记录到日志表 login_table 中。查看日志表 login_table 中的信息如图 8.22 所示。

```
SQL> CREATE TABLE login_table
  2  (username VARCHAR2(20),
  3  log_date TIMESTAMP);
表已创建。
```

图 8.21 日志表 login_table 的创建

```
USERNAME        LOG_DATE
-------------   ------------------------
SYSTEM          24-7月 -12 09.43.45.000000 上午
SYSTEM          26-7月 -12 02.23.36.000000 下午
```

图 8.22 日志表 login_table 中的信息

(1) 任务的解析步骤

① 确定触发器作用的对象为 SCHEMA。

② 确定触发的事件为用户登录。

③ 确定触发的时间为 AFTER。

④ 确定触发器体里要将登录数据库的用户名和登录时间记录到日志表中。

⑤ 为触发器设定一个名称，按照语法格式创建触发器。

（2）源程序的实现

```
CREATE OR REPLACE TRIGGER log_trigger11
AFTER LOGON ON SCHEMA
BEGIN
    INSERT INTO login_table VALUES(USER,SYSDATE);
END;
```

8.4.4　实践环节

创建一个触发器，当数据库关闭时，自动地将关闭时间记录到日志表 database_log 中。

8.5　触发器的管理

8.5.1　核心知识

1. 修改触发器

可以使用 CREATE OR REPLACE TRIGGER 语句重新创建并覆盖原有的触发器。

2. 禁用触发器

可以使用"ALTER TRIGGER 触发器名 DISABLE"语句禁用某个触发器。

可以使用"ALTER TRIGGER 表名 DISABLE ALL TRIGGER"语句禁用某个表对象上的所有触发器。

3. 启用触发器

可以使用"ALTER TRIGGER 触发器名 ENABLE"语句启用某个触发器。

可以使用"ALTER TRIGGER 表名 ENABLE ALL TRIGGER"语句启用某个表对象上的所有触发器。

4. 删除触发器

可以使用 DROP TRIGGER 语句删除触发器。

5. 查看触发器语法错误

查看刚编译的触发器出现错误的详细信息，可以使用 SHOW ERRORS 命令。

6. 查看触发器源代码

触发器的源代码通过查询数据字典 USER_SOURCE 中的 TEXT 即可获得。

8.5.2　能力目标

掌握禁用、启用和删除触发器的语法格式，熟悉查看触发器语法错误、触发器源代码的方法。

8.5.3 任务驱动

任务 1：禁用和启用触发器 delete_trigger1。程序运行效果如图 8.23 所示。

（1）任务的解析步骤

① 使用"ALTER TRIGGER 触发器名 DISABLE"语句禁用某个触发器。

② 使用"ALTER TRIGGER 触发器名 ENABLE"语句启用某个触发器。

（2）源程序的实现

```
ALTER TRIGGER delete_trigger1 DISABLE;
ALTER TRIGGER delete_trigger1 ENABLE;
```

任务 2：删除触发器 delete_trigger1。程序运行效果如图 8.24 所示。

触发器已更改   触发器已删除。

图 8.23　禁用和启用触发器 delete_trigger1　　　　图 8.24　删除触发器 delete_trigger1
　　　　　的程序运行效果　　　　　　　　　　　　　　　　的程序运行效果

（1）任务的解析方法

利用 DROP TRIGGER 语句删除触发器。

（2）源程序的实现

```
DROP TRIGGER delete_trigger1;
```

任务 3：根据图 8.25 给出的触发器的定义，查看它的语法错误。

查看触发器的语法错误，运行效果如图 8.26 所示。

```
SQL> CREATE OR REPLACE TRIGGER update_trigger6
  2  AFTER UPDATE OF dept ON student
  3  BEGIN
  4  DBMS_OUTPUT.PUT_LINE('学生的学号为:'||old.sno);
  5  DBMS_OUTPUT.PUT_LINE('修改前的系别名称为:'||old.dept);
  6  DBMS_OUTPUT.PUT_LINE('修改后的系别名称为:'||new.dept);
  7  END;
  8  /
警告: 创建的触发器带有编译错误。
```

```
TRIGGER UPDATE_TRIGGER6 出现错误:

LINE/COL ERROR

2/1    PL/SQL: Statement ignored
2/39   PLS-00201: 必须声明标识符 'OLD.SNO'
3/1    PL/SQL: Statement ignored
3/45   PLS-00201: 必须声明标识符 'OLD.DEPT'
4/1    PL/SQL: Statement ignored
4/45   PLS-00201: 必须声明标识符 'NEW.DEPT'
```

图 8.25　创建触发器的程序运行效果　　　　　图 8.26　查看语法错误的程序运行效果

（1）任务的解析方法

使用 SHOW ERRORS 命令显示刚编译的触发器的出错信息。

（2）源程序的实现

```
SHOW ERRORS;
```

任务 4：查看触发器 update_trigger3 的源代码。程序运行效果如图 8.27 所示。

（1）任务的解析步骤

① 利用 SELECT 语句查询数据字典 USER_SOURCE 中的 TEXT 即可获得触发器的源代码。

```
TEXT
--------------------------------------------------
TRIGGER update_trigger3
AFTER UPDATE OF age ON student
DECLARE
v_avg NUMBER;
BEGIN
SELECT AVG(age) INTO v_avg FROM student;
DBMS_OUTPUT.PUT_LINE('更新后学生的平均年龄为:'||v_avg);
END update_trigger;

已选择8行。
```

图 8.27　触发器 update_trigger3 的源代码

② 在数据字典中,触发器的名字是以大写方式存储的。

（2）源程序的实现

```
SELECT TEXT
FROM USER_SOURCE
WHERE NAME='UPDATE_TRIGGER3';
```

8.5.4　实践环节

（1）禁用和启用触发器 emp_trigger4。

（2）删除触发器 emp_trigger4。

（3）查看触发器 update_trigger5 的源代码。

8.6　小　　结

- 触发器类似于存储过程、存储函数,都是拥有说明部分、语句执行部分和异常处理部分的有名的 PL/SQL 块。
- 触发器主要用于维护那些通过创建表时的声明约束不可能实现的复杂的完整性约束以及对数据库中特定事件进行监控和响应。
- Oracle 可以在 DML（数据操纵）语句上进行触发,可以在 DML 操作前或操作后进行触发,并且可以在每行或该语句操作上进行触发。
- 由于在 Oracle 中不能直接对两个以上的表建立的视图进行操作,所以给出了替代触发器。它是 Oracle 专门为进行视图操作的一种处理方法。
- 建立在系统或模式上的触发器。它可以响应系统事件和用户事件,如 Oracle 数据库关闭或打开,CREATE、ALTER、DROP 操作等。

习　题　8

1. 以下关于触发器说法不正确的是（　　）。

    A. 触发器不可以接受参数

    B. 触发器内禁止使用 COMMIT 或 ROLLBACK 语句

    C. 触发器中不能对数据进行增、删、改、查

    D. 触发器不能被调用,只能被触发

2. 下列（　　）动作不会激发一个 DML 触发器。

    A. 更新数据　　　　B. 查询数据　　　　C. 删除数据　　　　D. 插入数据

3. 以下关于触发器中的标识符说法正确的是（　　）。

    A. :old 和 :new 是语句级触发器的标识符

    B. 对于 UPDATE 触发事件,:old 和 :new 有效

    C. 对于 INSERT 触发事件,:old 有效

    D. 对于 DELETE 触发事件,:new 有效

4. 创建一个语句级触发器,当执行插入操作后,激发触发器,统计插入操作后的员工总

人数和插入操作后的员工平均工资,并输出。

5. 创建一个语句级触发器,当向学生表执行插入操作时,统计插入后的学生平均年龄并输出;当执行删除操作时,统计删除后的女学生的总人数并输出。

6. 创建一个行级 UPDATE 触发器,当更新学生表 student 中的学号时,激发触发器,自动修改选课信息表 sc 中的学生学号。

7. 创建一个触发器,当修改 emp 表中的工资时,保证"10"号部门不超过 50000 元,其他部门不超过 70000 元,否则请利用 RAISE_APPLICATION_ERROR 过程抛出错误号"—20001"的错误,错误信息为"工资更新超出范围!"。

第 9 章

用户、权限与角色管理

主要内容

- 用户管理
- 权限管理
- 角色管理

本章将学习 Oracle 数据库对用户登录到系统时的安全机制,通过用户、权限和角色这三个重要的对象来实现数据库操作的安全策略。主要学习用户的创建和修改,用户的删除,用户信息的查询,权限的授予和回收,权限的查询,角色的创建,角色的授予和回收,角色的删除。

9.1 用户管理

9.1.1 核心知识

用户是数据库的使用者和管理者,Oracle 数据库通过设置用户以及安全参数来控制用户对数据库的访问和操作。用户管理是 Oracle 数据库的安全管理核心和基础。

1. 创建用户

Oracle 数据库使用 CREATE USER 命令来创建一个新的数据库用户,但是创建者必须具有 CREATE USER 系统权限。在建立用户时应该为其指定一个口令,该口令加密后存储在数据库数据字典中。当用户与数据库建立连接时,Oracle 验证用户提供的口令与存储在数据字典中的口令是否一致。

在 Oracle 数据库系统中可以通过设置用户的安全参数维护安全性。为了防止非授权用户对数据库进行存取,在创建用户时必须使用安全参数对用户进行限制。用户的安全参数包括:用户名、口令、用户默认表空间、用户临时表空间、用户空间存取限制和用户资源存取限制。

使用 SQL 命令创建用户的语法如下。

```
CREATE USER 用户名
IDENTIFIED BY 口令
[DEFAULT TABLESPACE 表空间名]
```

```
[TEMPORARY TABLESPACE 表空间名]
[QUOTA n K | M | UNLIMITED ON tablespace_name]
[PROFILE profile_name]
[PASSWORD EXPIRE]
[ACCOUNT {LOCK | UNLOCK}]
```

说明:

① 使用 IDENTIFIED BY 子句为用户设置口令,这时用户将通过数据库来进行身份认证。值得注意的是,口令不区分大小写。

② 使用 DEFAULT TABLESPACE 子句为用户指定默认表空间。如果没有指定默认表空间,Oracle 会把 SYSTEM 表空间作为用户的默认表空间。

③ TEMPORARY TABLESPACE 子句为用户指定临时表空间,若没有指定,Temp 为该用户的临时表空间。

④ QUOTA 用于指定用户在特定表空间的配额,即用户在该表空间中可以分配的最大空间。默认情况下,新建用户在任何表空间都不具任何配额。

⑤ PROFILE 用于为用户指定概要配置文件,默认值为 DEFAULT,采用系统默认的概要配置文件。

⑥ PASSWORD EXPIRE 子句用于设置用户口令的初始状态为过期。当用户使用 SQL/PLUS 第一次登录数据库时,强制用户重置口令,如 SCOTT 用户。

⑦ ACCOUNT LOCK 子句用于设置用户账户的初始状态为锁定,默认为 ACCOUNT UNLOCK。当一个账号被锁定并且用户试图连接到该数据库时,会显示错误提示,如 SCOTT 用户。

2. 修改用户

建立用户时指定的所有特性都可以使用 ALTER USER 命令加以修改。使用此命令可修改用户的默认表空间、临时表空间、口令、口令期限以及加锁设置,但是不能更改用户名。执行该语句必须具有 ALTER USER 的系统权限。

修改用户的语法如下。

```
ALTER USER 用户名
IDENTIFIED BY 口令
[DEFAULT TABLESPACE 表空间名]
[TEMPORARY TABLESPACE 表空间名]
[PASSWORD EXPIRE]
[ACCOUNT {LOCK | UNLOCK}]
```

3. 删除用户

使用 DROP USER 命令可以从数据库中删除一个用户。当一个用户被删除时,其所拥有的对象也随之被删除。

删除用户的语法如下。

```
DROP USER 用户名;
```

假如用户拥有对象,必须指定 CASCADE 关键字才能删除用户,否则返回一个错误。假如指定了 CASCADE 关键字,Oracle 先删除该用户所拥有的所有对象,然后删除该用户。

如果其他数据库对象(如存储过程、函数等)引用了该用户的数据库对象,则这些数据库对象将被标识为失效(INVALID)。

4. 查询用户信息

可以通过查询数据字典视图或动态性能视图来获取用户信息。

(1) ALL_USERS:包含数据库所有用户的用户名、用户 ID 和用户创建时间。

(2) DBA_USERS:包含数据库所有用户的详细信息。

(3) USER_USERS:包含当前用户的详细信息。

(4) V＄SESSION:包含用户会话信息。

(5) V＄OPEN_CURSOR:包含用户执行的 SQL 语句信息。

普通用户只能查询 USER_USERS 数据字典,只有拥有 DBA 权限的用户才能查询 DBA_USERS 数据字典。

9.1.2 能力目标

掌握用户的创建、修改和删除的语法格式,了解用户信息的查询方法。

9.1.3 任务驱动

任务 1:建立一个 test 用户,密码为 test。该用户口令没有到期,账号也没有被锁住,默认表空间为 users,在该表空间的配额为 20MB,临时表空间为 temp。

(1) 任务的解析步骤

① 确定用户名 test。

② 确定用户口令 test。

③ 确定用户默认表空间 users。

④ 确定用户表空间的配额 20MB。

⑤ 确定临时表空间 temp。

⑥ 确定用户口令是否过期及账号是否锁定。

⑦ 使用 CREATE 命令按照语法格式创建该用户。

(2) 源程序的实现

```
CREATE USER test
IDENTIFIED BY test
DEFAULT TABLESPACE users
TEMPORARY TABLESPACE temp
QUOTA 20M ON users
ACCOUNT UNLOCK;
```

说明:当建立用户后,必须给用户授权,用户才能连接到数据库,并对数据库中的对象进行操作。只有拥有 CREATE SESSION 权限的用户才能连接到数据库。可用下列语句对 test 用户授权。

```
GRANT CREATE SESSION TO test;
```

任务 2：将 test 用户的口令修改为 tiger，并且将其口令设置为到期。

（1）任务的解析步骤

① 确定用户名 test。

② 确定新的用户口令。

③ 确定用户口令为到期状态。

④ 使用 ALTER 命令按照语法格式修改该用户。

（2）源程序的实现

```
ALTER USER test
IDENTIFIED BY tiger
PASSWORD EXPIRE;
```

任务 3：修改 test 用户的默认表空间和账户的状态。将默认表空间改为 system，账户的状态设置为锁定状态。

（1）任务的解析步骤

① 确定用户名 test。

② 确定用户新的默认表空间。

③ 确定用户的账户状态。

④ 使用 ALTER 命令按照语法格式修改该用户。

（2）源程序的实现

```
ALTER USER test
DEFAULT TABLESPACE system
ACCOUNT LOCK;
```

说明：修改用户的默认表空间只影响将来建立的对象，以前建立的对象仍然存放在原来的表空间上，将来建立的对象放到新的默认空间。

任务 4：删除 test 用户。

（1）任务的解析方法

使用 DROP 命令按照语法格式删除该用户。

（2）源程序的实现

```
DROP USER test;
```

说明：如果已经在 test 用户下创建了相应的对象，如表、视图，那么在使用上述命令对用户进行删除时将出现错误，此时语句应改为 DROP USER test CASCADE;但是，一个连接到 Oracle 服务器的用户是不能被删除的。

任务 5：查询当前用户的详细信息，程序运行效果如图 9.1 所示。

USERNAME	DEFAULT_TABLESPACE	
TEMPORARY_TABLESPACE	ACCOUNT_STATUS	EXPIRY_DATE
SYSTEM	SYSTEM	
TEMP	OPEN	

图 9.1　当前用户的详细信息

（1）任务的解析方法

使用 SELECT 语句从 USER_USERS 数据字典中查询相关信息。

（2）源程序的实现

```
SELECT USERNAME,
DEFAULT_TABLESPACE,
TEMPORARY_TABLESPACE,
ACCOUNT_STATUS, EXPIRY_DATE
FROM USER_USERS;
```

任务 6：查询数据库中所有用户名、默认表空间和账户的状态，程序运行效果如图 9.2 所示。

```
USERNAME                    DEFAULT_TABLESPACE        ACCOUNT_STATUS
--------------------------  ------------------------  -----------------
MGMT_VIEW                   SYSTEM                    OPEN
SYS                        SYSTEM                    OPEN
SYSTEM                     SYSTEM                    OPEN
DBSNMP                     SYSAUX                    OPEN
SYSMAN                     SYSAUX                    OPEN
EDU                        DATA_DLUFL                OPEN
OUTLN                      SYSTEM                    EXPIRED & LOCKED
MDSYS                      SYSAUX                    EXPIRED & LOCKED
ORDSYS                     SYSAUX                    EXPIRED & LOCKED
EXFSYS                     SYSAUX                    EXPIRED & LOCKED
DMSYS                      SYSAUX                    EXPIRED & LOCKED

USERNAME                    DEFAULT_TABLESPACE        ACCOUNT_STATUS
--------------------------  ------------------------  -----------------
WMSYS                      SYSAUX                    EXPIRED & LOCKED
CTXSYS                     SYSAUX                    EXPIRED & LOCKED
ANONYMOUS                  SYSAUX                    EXPIRED & LOCKED
XDB                        SYSAUX                    EXPIRED & LOCKED
ORDPLUGINS                 SYSAUX                    EXPIRED & LOCKED
SI_INFORMTN_SCHEMA         SYSAUX                    EXPIRED & LOCKED
OLAPSYS                    SYSAUX                    EXPIRED & LOCKED
SCOTT                      USERS                     EXPIRED & LOCKED
TSMSYS                     USERS                     EXPIRED & LOCKED
BI                         USERS                     EXPIRED & LOCKED
PM                         USERS                     EXPIRED & LOCKED

USERNAME                    DEFAULT_TABLESPACE        ACCOUNT_STATUS
--------------------------  ------------------------  -----------------
MDDATA                     USERS                     EXPIRED & LOCKED
IX                         USERS                     EXPIRED & LOCKED
SH                         USERS                     EXPIRED & LOCKED
DIP                        USERS                     EXPIRED & LOCKED
OE                         USERS                     EXPIRED & LOCKED
HR                         USERS                     EXPIRED & LOCKED

已选择28行。
```

图 9.2　所有用户的相关信息

（1）任务的解析方法

使用 SELECT 语句从 DBA_USERS 数据字典中查询相关信息。

（2）源程序的实现

```
SELECT USERNAME,
DEFAULT_TABLESPACE,
ACCOUNT_STATUS
FROM DBA_USERS;
```

9.1.4　实践环节

（1）创建一个 test2 用户，密码为 test2。默认表空间为 system，在该表空间的配额为 15MB。使用新创建的用户 test2 登录数据库，如果不能立即登录，出现错误提示信息，请给出理由。

（2）创建一个 test3 用户，密码为 test3。默认表空间为 USERS，在该表空间的配额为 20MB，临时表空间为 temp。该用户的口令初始为过期，账户初始设置为锁定状态。

（3）修改 test3 用户，将密码改为 tiger,默认表空间改为 system,账户状态设置为解锁状态。

（4）删除 test3 用户。

（5）查询数据库中所有用户名、默认表空间和临时表空间。

9.2　权　限　管　理

9.2.1　核心知识

创建了用户，并不意味着用户就可以对数据库随心所欲地进行操作。创建用户账号也只是意味着用户具有连接、操作数据库的资格,用户对数据库进行的任何操作,都需要具有相应的操作权限。

权限是在数据库中执行一种操作的权力。在 Oracle 数据库中,根据系统管理方式的不同,可以将权限分为两类,即系统权限和对象权限。

1. 系统权限

系统权限是指在系统级控制数据库的存取和使用的机制,系统权限决定了用户是否可以连接到数据库以及在数据库中可以进行哪些操作。可以将系统权限授予用户、角色、PUBLIC 用户组。由于系统权限有较大的数据库操作能力,因此应该只将系统权限授予值得信赖的用户。

系统权限可划分成下列三类。

第一类：允许在系统范围内操作的权限,如：CREATE SESSION、CREATE TABLESPACE 等与用户无关的权限。

第二类：允许在用户自己的账号内管理对象的权限,如：CREATE TABLE 等建立、修改、删除指定对象的权限。

第三类：允许在任何用户账号内管理对象的权限,如：CREATE ANY TABLE 等带 ANY 的权限,允许用户在任何用户账号下建表。

常见的系统权限如表 9.1 所示。

表 9.1　Oracle 常用的系统权限

系 统 权 限	描　　述
CREATE SESSION	创建会话
CREATE SEQUENCE	创建序列
CREATE SYNONYM	创建同名对象
CREATE TABLE	在用户模式中创建表
CREATE ANY TABLE	在任何模式中创建表
DROP TABLE	在用户模式中删除表
DROP ANY TABLE	在任何模式中删除表
CREATE PROCEDURE	创建存储过程
EXECUTE ANY PROCEDURE	执行任何模式的存储过程
CREATE USER	创建用户
DROP USER	删除用户
CREATE VIEW	创建视图

（1）系统权限的授权

使用 GRANT 命令可以将系统权限授予给一个用户、角色或 PUBLIC。给用户授予系统权限是应该根据用户身份的不同进行的。如数据库管理员用户应该具有创建表空间、修改数据库结构、修改用户权限、对数据库任何模式中的对象进行管理的权限；而数据库开发人员具有在自己模式下创建表、视图、索引、同义词、数据库链接等权限。

语法格式如下。

```
GRANT {系统权限 | 角色}[,{系统权限 | 角色}]...
TO {用户 | 角色 | PUBLIC}[,{用户 | 角色 | PUBLIC}]...
[WITH ADMIN OPTION]
```

说明：

① PUBLIC 是创建数据库时自动创建的一个特殊的用户组，数据库中所有的用户都属于该用户组。如果将某个权限授予 PUBLIC 用户组，则数据库中所有用户都具有该权限。

② WITH ADMIN OPTION 表示允许得到权限的用户进一步将这些权限或角色授予其他的用户或角色。

（2）系统权限的回收

数据库管理员或系统权限传递用户可以将用户所获得的系统权限回收。系统权限回收使用 REVOKE 命令可以从用户或角色上回收系统权限。

语法格式如下。

```
REVOKE {系统权限 | 角色}[,{系统权限 | 角色}]...
FROM {用户名 | 角色 | PUBLIC}[,{用户名 | 角色 | PUBLIC}]...
```

2. 对象权限

对象权限是指在对象级控制数据库的存取和使用的机制。数据库模式对象所有者拥有该对象的所有对象权限，对象权限的管理实际上是对其他用户操作该对象的权限管理。

Oracle 提供的对象权限如表 9.2 所示。

表 9.2　Oracle 提供的对象权限

对象权限 ＼ 对象	TABLE	COLUMN	VIEW	SEQUENCE	PROCEDURE/FUNCTION/PACKAGE
ALTER	√			√	
DELETE	√		√		
EXECUTE					√
INDEX	√				
INSERT	√	√	√		
REFERENCES	√	√			
SELECT	√		√	√	
UPDATE	√	√	√		
READ					

（1）对象权限的授权

使用 GRANT 命令可以将对象权限授予一个用户、角色或 PUBLIC。

语法格式如下。

```
GRANT { 对象权限 [(列名 1 [,列名 2...])]
[,对象权限 [(列名 1 [,列名 2...])]]...|ALL}
ON 对象名
TO {用户名 | 角色名 | PUBLIC} [,{用户名 | 角色名 | PUBLIC}]...
[WITH GRANT OPTION]
```

说明：WITH GRANT OPTION 表示允许得到权限的用户进一步将这些权限授予其他的用户或角色。

（2）对象权限的回收

通过使用 REVOKE 命令可以实现权限的回收。

语法：

```
REVOKE {对象权限 [,对象权限]... | ALL [PRIVILEGES]}
FROM {用户名 | 角色 | PUBLIC} [,{用户名 | 角色 | PUBLIC}]...
[RESTRICT | CASCADE]
```

说明：

① ALL 用于回收授予用户的所有对象权限。

② 可选项［RESTRICT|CASCADE］中，CASCADE 表示回收权限时要引起级联回收。即从用户 A 回收权限时，要把用户 A 转授出去的同样的权限同时回收。RESTRICT 表示，当不存在级联连锁回收时，才能回收权限，否则系统拒绝回收。

③ 当使用 WITH GRANT OPTION 从句授予对象权限时，一个对象权限回收时存在级联影响。

3. 查询各种权限

可以通过数据字典视图查询数据库相应的权限信息。对象权限有关的数据字典视图如表 9.3 所示。

表 9.3 对象权限有关的数据字典视图

数据字典视图	描　　述
DBA_TAB_PRIVS	包含数据库所有对象的授权信息
ALL_TAB_PRIVS	包含数据库所有用户和 PUBLIC 用户组的对象授权信息
USER_TAB_PRIVS	包含当前用户对象的授权信息
DBA_COL_PRIVS	包含所有字段已授予的对象权限
ALL_COL_PRIVS	包含所有字段已授予的对象权限信息
USER_COL_PRIVS	包含当前用户所有字段已授予的对象权限信息
DBA_SYS_PRIVS	包含授予用户或角色的系统权限信息
USER_SYS_PRIVS	包含授予当前用户的系统权限信息

9.2.2　能力目标

熟悉系统权限和用户权限的授予与回收方法，理解系统权限与用户权限的区别，了解权限查询的方法。

9.2.3　任务驱动

任务 1：为用户 user1 授予 CREATE SESSION 系统权限。

先创建用户 user1,结果如图 9.3 所示。

此时登录,系统会拒绝并给出如下提示信息,如图 9.4 所示。

图 9.3　用户 user1 的创建　　　　　　　图 9.4　用户 user1 登录失败

为用户 user1 授予权限后,再次登录的结果如图 9.5 所示。

(1) 任务的解析步骤

① 确定授权的对象。

② 确定系统权限的名称。

图 9.5　用户 user1 登录成功

③ 在管理用户下通过 GRANT 命令按照语法格式给用户 user1 授权。

(2) 源程序的实现

```
GRANT CREATE SESSION
TO user1;
```

任务 2：为用户 user1 授予 CREATE TABLE 系统权限。

在任务 1 中用户 user1 已经创建成功,并且能够成功登录数据库。在用户 user1 中创建一张基本表,结果如图 9.6 所示。

分析原因得知：当前用户 user1 不具有创建表的权限,所以创建失败了。在管理用户下,给用户 user1 授权,在用户 user1 中再次创建基本表,结果如图 9.7 所示。

图 9.6　创建基本表失败　　　　　　图 9.7　创建基本表成功

(1) 任务的解析步骤

① 确定授权的对象。

② 确定系统权限的名称。

③ 在管理用户下通过 GRANT 命令按照语法格式给用户 user1 授权。

(2) 源程序的实现

```
GRANT CREATE TABLE
TO user1;
```

任务 3：为用户 user1 授予 CREATE VIEW 系统权限,允许用户 user1 将该权限再授予其他用户。

(1) 任务的解析步骤

① 确定授权的对象。

② 确定系统权限的名称。

③ 确定获得系统权限的用户是否可以把相关权限再授予其他用户。

④ 在管理用户下通过 GRANT 命令给用户 user1 授权。

(2) 源程序的实现

```
GRANT CREATE VIEW
TO user1
WITH ADMIN OPTION;
```

任务 4：回收用户 user1 的 CREATE VIEW 系统权限。

(1) 任务的解析步骤

① 确定权限回收的对象。

② 确定要回收权限的名称。

③ 在管理用户下通过 REVOKE 命令回收用户 user1 的相关权限。

(2) 源程序的实现

```
REVOKE CREATE VIEW
FROM user1;
```

说明：

① 多个管理员授予用户同一个系统权限后，其中一个管理员回收其授予该用户的系统权限时，不影响该用户从其他管理员处获得系统权限。

② 系统权限授权语句中 WITH ADMIN OPTION 从句给了受权者将此权限再授予另一个用户或 PUBLIC 的权利。但是当一个系统权限回收时没有级联影响，不管在权限授予时是否带 WITH ADMIN OPTION 从句。

任务 5：用户 system 将学生表 student 的 SELECT 权限和属性列 sname、age 上的 UPDATE 权限授予用户 user1，并且允许用户 user1 再将这些对象权限授予其他用户。

授权前，用户 user1 的权限测试结果如图 9.8 所示。

```
SQL> conn user1;
输入口令: *****
已连接。
SQL> SELECT * FROM system.student WHERE sno='20120001';
SELECT * FROM system.student WHERE sno='20120001'
                    *
第 1 行出现错误:
ORA-00942: 表或视图不存在


SQL> UPDATE system.student SET age=age+2 WHERE sno='20120001';
UPDATE system.student SET age=age+2 WHERE sno='20120001'
                    *
第 1 行出现错误:
ORA-00942: 表或视图不存在
```

图 9.8　授权前，用户 user1 的权限测试

授权后，用户 user1 的权限测试结果如图 9.9 所示。

(1) 任务的解析步骤

① 确定获取权限的用户。

② 确定授予的对象权限名称。

图 9.9　授权后,用户 user1 的权限测试

③ 确定获得对象权限的用户是否可以把相关权限再授予其他用户。

④ 在对象拥有者 system 下通过 GRANT 命令给用户 user1 授权。

(2) 源程序的实现

```
GRANT SELECT,UPDATE(sname,age)
ON student
TO user1
WITH GRANT OPTION;
```

说明:假如用户拥有了一个对象,他就自动地获得了该对象的所有权限。对象拥有者可以将自己对象的操作权授予别人。例如用户 system 可以将 SELECT、UPDATE、INSERT 等权限授予其他用户。

任务 6:用户 system 从用户 user1 中回收学生表 student 上的 SELECT 权限。

回收权限前,测试用户 user1 的权限结果如图 9.10 所示。

回收权限后,测试用户 user1 的权限结果如图 9.11 所示。

图 9.10　回收权限前,测试用户 user1 的权限

图 9.11　回收权限后,测试用户 user1 的权限

(1) 任务的解析步骤

① 确定权限回收的对象。

② 确定要回收权限的名称。

③ 在对象拥有者 system 下通过 REVOKE 命令从用户 user1 中回收相关权限。

(2) 源程序的实现

```
REVOKE SELECT
ON student
FROM user1;
```

说明:多个管理员者授予用户同一个对象权限后,其中一个管理员回收其授予该用户的对象权限时,不影响该用户从其他管理员处获得的对象权限。如果一个用户获得的对象

权限具有传递性（授权时使用了 WITH GRANT OPTION 子句），并且给其他用户授权，那么该用户的对象权限被回收后，其他用户的对象权限也被回收。

任务 7：查询当前用户 system 所具有的权限，结果如图 9.12 所示。

USERNAME	PRIVILEGE	ADM
SYSTEM	GLOBAL QUERY REWRITE	NO
SYSTEM	CREATE MATERIALIZED VIEW	NO
SYSTEM	CREATE TABLE	NO
SYSTEM	UNLIMITED TABLESPACE	YES
SYSTEM	SELECT ANY TABLE	NO

图 9.12　用户 system 所具有的权限

（1）任务的解析步骤

① 确定相关数据字典视图的名称。

② 利用 SELECT 语句查询当前用户所具有的权限。

（2）源程序的实现

```
SELECT username,privilege,admin_option FROM user_sys_privs;
```

9.2.4　实践环节

（1）为 9.1.4 节实践环节中创建的用户 test2 授予 CREATE TABLE 和 CREATE VIEW 系统权限，并且允许用户 test2 将相关权限授予其他用户。

（2）由用户 test2 将 CREATE TABLE 系统权限授予用户 test3。

（3）回收用户 test2 的 CREATE VIEW 系统权限。

（4）将用户 system 下员工表 emp 的查询和插入权限授予用户 test2。

（5）从用户 test2 处收回对员工表 emp 的插入权限。

9.3　角色管理

9.3.1　核心知识

数据库的用户通常有几十个、几百个，甚至成千上万个。如果管理员为每个用户授予或者撤销相应的系统权限和对象权限，则这个工作量是非常庞大的。为简化权限管理，Oracle 提供了角色的概念。

角色是具有名称的一组相关权限的集合，即将不同的权限集合在一起就形成了角色。可以使用角色为用户授权，同样也可以撤销角色。由于角色集合了多种权限，所以当为用户授予角色时，相当于为用户授予了多种权限。这样就避免了向用户逐一授权，从而简化了用户权限的管理。

Oracle 中的角色可以分为预定义角色和自定义角色两类。

1. 预定义角色

预定义角色是在数据库安装后，系统自动创建的一些常用的角色。预定义角色的细节可以从 DBA_SYS_PRIVS 数据字典视图中查询到。表 9.4 列出了几个常见的预定义角色。

表 9.4 Oracle 10g 常用预定义角色

角 色 名	描 述
CONNECT	连接到数据库的权限,建立数据库链路、序列生成器、同义词、表、视图以及修改会话的权限
RESOURCE	建立表、序列生成器,以及建立过程、函数、包、数据类型、触发器的权限
DBA	带 WITH ADMIN OPTION 选项的所有系统权限可以被授予数据库中其他用户或角色,DBA 角色拥有最高级别的权限
EXP_FULL_DATABASE	使用 EXPORT 工具执行数据库完全卸出和增量卸出的权限
IMP_FULL_DATABASE	使用 IMPORT 工具执行数据库完全装入的权限,这是一个功能非常强大的角色

2. 自定义角色

(1) 创建角色

使用 CREATE ROLE 命令可以建立角色,角色是属于整个数据库,而不属于任何用户的。当建立一个角色时,该角色没有相关的权限,系统管理员必须将合适的权限授予角色。此时,角色才是一组权限的集合。

语法格式如下。

```
CREATE ROLE 角色名[NOT IDENTIFIED | IDENTIFIED {BY 口令}]
```

(2) 修改角色

语法格式如下。

```
ALTER ROLE role_name [NOT IDENTIFIED ][IDENTIFIED BY password];
```

使用 ALTER ROLE 命令可以修改角色的口令,但不能修改角色名。

(3) 授予角色权限

建立完角色后需要给角色授权,授权后的角色才是一组权限的集合。在数据库运行过程中,可以为角色增加权限,也可以回收其权限。

3. 给用户或角色授予角色

可以使用 GRANT 语句将角色授予用户或其他角色,其语法格式如下。

```
GRANT role_list TO user_list|role_list;
```

4. 从用户或角色回收角色

可以使用 REVOKE 语句从用户或其他角色回收角色。

语法格式如下。

```
REVOKE role_list FROM user_list|role_list;
```

5. 删除角色

使用 DROP ROLE 命令可以删除角色。即使此角色已经被授予一个用户,数据库也允许用户删除该角色。

6. 查询角色信息

可以通过数据字典视图或动态性能视图获取数据库角色相关信息。与角色有关的数据字典视图如表 9.5 所示。

表 9.5 与角色有关的数据字典视图

数据字典视图	描 述
DBA_ROLES	包含数据库中所有角色及其描述
DBA_ROLE_PRIVS	包含为数据库中所有用户和角色授予的角色信息
USER_ROLE_PRIVS	包含为当前用户授予的角色信息
ROLE_ROLE_PRIVS	为角色授予的角色信息
ROLE_SYS_PRIVS	为角色授予的系统权限信息
ROLE_TAB_PRIVS	为角色授予的对象权限信息
SESSION_PRIVS	当前会话所具有的系统权限信息
SESSION_ROLES	当前会话所具有的角色信息

9.3.2 能力目标

掌握角色的创建与修改，角色的授予与回收，角色的删除方法，了解获取角色信息的方法。

9.3.3 任务驱动

任务 1：建立一个带口令 tiger 的角色 student_role。

(1) 任务的解析步骤

① 确定角色名 student_role。

② 确定角色口令 tiger。

③ 使用 CREATE 命令按照语法格式创建该角色。

(2) 源程序的实现

```
CREATE ROLE student_role IDENTIFIED BY tiger;
```

任务 2：修改角色 student_role 使其没有口令。

(1) 任务的解析步骤

① 确定角色名 student_role。

② 确定角色没有口令。

③ 使用 ALTER 命令按照语法格式修改该角色。

(2) 源程序的实现

```
ALTER ROLE student_role NOT IDENTIFIED;
```

任务 3：将用户 system 中学生表 student 的 SELECT、UPDATE 和 DELETE 权限的集合授予角色 student_role。

(1) 任务的解析步骤

① 确定获取权限的角色。

② 确定授予的权限名称。

③ 使用 GRANT 命令按照语法格式将权限集合授予该角色。

（2）源程序的实现

```
GRANT SELECT,UPDATE,DELETE
ON student
TO student_role;
```

任务 4：将角色 student_role 授予用户 user1。

角色授予前，用户 user1 的权限测试结果如图 9.13 所示。

将角色 student_role 授予用户 user1 后，用户 user1 就具有相应的权限，测试结果如图 9.14 所示。

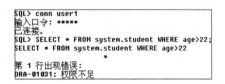

图 9.13 角色授予前，用户 user1 的权限测试　　图 9.14 角色授予后，用户 user1 的权限测试

（1）任务的解析步骤

① 确定获取角色的用户。

② 确定授予的角色名称。

③ 使用 GRANT 命令按照语法格式给用户 user1 授权。

（2）源程序的实现

```
GRANT student_role TO user1;
```

任务 5：将角色 student_role 从用户 user1 回收。

角色回收前，用户 user1 的权限测试结果如图 9.15 所示。

角色回收后，用户 user1 就失去了相应的权限，测试结果如图 9.16 所示。

图 9.15 角色回收前，用户 user1 的权限测试　　图 9.16 角色回收后，用户 user1 的权限测试

（1）任务的解析步骤

① 确定角色回收的对象。

② 确定要回收的角色名称。

③ 使用 REVOKE 命令从用户 user1 中回收相关角色。

（2）源程序的实现

```
REVOKE student_role FROM user1;
```

任务 6：从数据库中删除 student_role 角色。

（1）任务的解析方法

使用 DROP 命令按照语法格式删除该角色。

（2）源程序的实现

```
DROP ROLE student_role;
```

任务 7：查询当前用户 system 所具有的角色，程序运行效果如图 9.17 所示。

```
USERNAME                     GRANTED_ROLE                  ADM DEF OS_
---------------------------- ----------------------------- --- --- ---
SYSTEM                       AQ_ADMINISTRATOR_ROLE         YES YES NO
SYSTEM                       DBA                           YES YES NO
SYSTEM                       MGMT_USER                     NO  YES NO
```

图 9.17　用户 system 拥有的角色

（1）任务的解析方法

使用 SELECT 语句从 user_role_privs 数据字典视图中查询相关信息。

（2）源程序的实现

```
SELECT * FROM user_role_privs;
```

任务 8：查询角色 exp_full_database 所拥有的权限，程序运行效果如图 9.18 所示。

```
ROLE                         PRIVILEGE                     ADM
---------------------------- ----------------------------- ---
EXP_FULL_DATABASE            READ ANY FILE GROUP           NO
EXP_FULL_DATABASE            EXECUTE ANY PROCEDURE         NO
EXP_FULL_DATABASE            RESUMABLE                     NO
EXP_FULL_DATABASE            SELECT ANY TABLE              NO
EXP_FULL_DATABASE            EXECUTE ANY TYPE              NO
EXP_FULL_DATABASE            BACKUP ANY TABLE              NO
EXP_FULL_DATABASE            ADMINISTER RESOURCE MANAGER   NO
EXP_FULL_DATABASE            SELECT ANY SEQUENCE           NO
已选择8行。
```

图 9.18　查看角色 exp_full_database 的权限

（1）任务的解析方法

使用 SELECT 语句从 role_sys_privs 数据字典视图中查询相关信息。

（2）源程序的实现

```
SELECT * FROM role_sys_privs WHERE role='EXP_FULL_DATABASE';
```

9.3.4　实践环节

（1）建立一个不带口令的角色 emp_role。

（2）将员工表 emp 的 SELECT 和 UPDATE 权限授予角色 emp_role。

（3）将角色 emp_role 授权给用户 scott。

（4）从所有用户身上回收 emp_role 角色。

（5）删除角色 emp_role。

9.4　小　　结

- 用户管理：为了保证只有合法身份的用户才能访问数据库，Oracle 提供了多种用户认证机制，只有通过认证的用户才能访问数据库。为了防止非授权用户对数据库进行存取，在创建用户时必须使用安全参数对用户进行限制。用户的安全参数包括：用户名、口令、用户默认表空间、用户临时表空间、用户空间存取限制和用户资源存取限制。

- 权限管理：用户登录数据库后，只能进行其权限范围内的操作。通过给用户授权或回收授权，可以达到控制用户对数据库操作的目的。在 Oracle 数据库中，权限分为系统权限和对象权限两类；系统权限是指在系统级控制数据库的存取和使用的机制；对象权限是指在对象级控制数据库的存取和使用的机制。

- 角色管理：通过角色方便地实现用户权限的授予与回收。角色是具有名称的一组相关权限的集合，角色是属于整个数据库，而不属于任何用户的。当建立一个角色时，该角色没有相关的权限，系统管理员必须将合适的权限授予角色。此时，角色才是一组权限的集合。

习　题　9

1. 以下（　　）不是创建用户过程中必要的信息。

    A. 用户名　　　　　B. 用户权限　　　　C. 临时表空间　　　　D. 口令

2. Oracle 会把（　　）表空间作为用户的默认表空间。

    A. SYSTEM　　　　B. TEMP　　　　　C. USERS　　　　　D. TOOLS

3. SQL 语言的 GRANT 和 REVOKE 语句主要用来进行授权与回收授权，其主要目的是用来维护数据库的（　　）。

    A. 完整性　　　　　B. 可靠性　　　　　C. 安全性　　　　　D. 一致性

4. 当对用户授予系统权限时，使用（　　）从句表示允许得到权限的用户进一步将这些权限授予其他的用户。

    A. WITH GRANT OPTION　　　　　B. WITH REVOKE OPTION

    C. WITH ADMIN OPTION　　　　　D. WITH USER OPTION

5. 下列（　　）权限不是用户权限。

    A. SELECT　　　　B. INSERT　　　　C. UPDATE　　　　D. CREATE

6. 关于角色的说法不正确的是（　　）。

    A. 将角色授予用户使用 GRANT 命令

    B. 角色一旦授予，不能收回

    C. 角色是属于整个数据库，而不属于任何用户的

    D. 删除角色，使用 DROP 命令

7. 创建一个用户 test_user，密码为 tiger，用户的默认表空间为 USERS，该用户的口令没有到期，账户被锁定。

8. 修改用户 test_user,使其账户解锁。

9. 将用户 system 下的课程表 course 的查询权限和删除权限授予用户 test_user,用户 test_user 同时获得将这些权限转授给其他用户的权限。

10. 将用户 system 下的课程表 course 的课程名称属性列的修改权限授予用户 test_user。

11. 从用户 test_user 处收回对课程表 course 的删除权限,若用户 test_user 已经把获得的删除权限转授给其他用户,则需要级联收回。

12. 建立一个不带口令的角色 test_role。

13. 将用户 system 下部门表 dept 的查询权限和更新权限授予角色 test_role。

14. 将角色 test_role 授权给用户 test_user。

15. 从所有用户身上回收角色 test_role。

16. 删除角色 test_role。

17. 删除用户 test_user。

第 10 章

数据库备份与恢复

主要内容

- 物理备份
- 逻辑备份
- 物理恢复
- 逻辑恢复

本章将学习数据库备份与恢复的概念,Oracle 数据库的物理备份中的冷备份和热备份方法,Oracle 数据库的逻辑备份方法,Oracle 数据库的脱机物理恢复和联机物理恢复方法,Oracle 数据库的逻辑恢复方法。

10.1 物 理 备 份

10.1.1 核心知识

数据库的备份与恢复是保证数据库安全运行的一项重要内容,也是数据库管理员的一项重要职责。在实际应用中,数据库可能会遇到一些意外的破坏导致数据库无法正常运行。数据库备份的目的就是为了防止意外事件发生而造成数据库的破坏后恢复数据库中的数据信息。

备份和恢复是两个相互联系的概念,备份是将数据信息保存起来;而恢复则是当意外事件发生或者某种需要时,将已备份的数据信息还原到数据库系统中去。

Oracle 的备份可以分为物理备份和逻辑备份两类。

物理备份是针对组成数据库的物理文件的备份。这是一种常用的备份方法,通常按照预定的时间间隔进行。物理备份通常有两种方式:冷备份与热备份。

冷备份:是指在数据库关闭的情况下将组成数据库的所有物理文件全部备份到磁盘或磁带。冷备份又分为归档模式和非归档模式下的冷备份。

热备份:又可称为联机备份或 ARCHIVELOG 备份。是指在数据库打开的情况下将组成数据库的控制文件、数据文件备份到磁盘或磁带,当然必须将归档日志文件也一起备份。热备份要求数据库必须运行在归档模式。

10.1.2　能力目标

掌握 Oracle 数据库物理备份中冷备份与热备份的方法。

10.1.3　任务驱动

任务 1：演示非归档模式下的冷备份。

任务的解析步骤如下。

（1）启动 SQL＊Plus，以 SYS 身份登录。

（2）关闭数据库。

```
SQL>SHUTDOWN IMMEDIATE;
```

（3）复制以下物理文件到相应的磁盘：

所有控制文件、所有数据文件、所有重做日志文件、初始化参数文件。

（4）重新启动数据库。

```
SQL>STARTUP;
```

任务 2：演示归档模式下的冷备份。

首先将非归档模式数据库设置为归档模式，然后再进行备份。

任务的解析步骤如下。

（1）查看当前存档模式。

```
SQL>archive log list;
```

（2）修改归档日志存放路径，强制为归档日志设置存储路径。

```
SQL>alter system set log_archive_dest_10='location=d:/orcl';
```

（3）关闭数据库。

```
SQL>shutdown immediate;
```

（4）启动数据 mount 状态。

```
SQL>startup mount;
```

（5）修改数据库为归档模式。

```
SQL>alter database archivelog;
```

（6）修改数据库状态 。

```
SQL>alter database open;
```

（7）按上述步骤设置数据库的归档模式，并运行在自动归档模式下。然后进行日志切换，有几个日志文件组，便让日志切换几次，以便将所有日志信息都存储到归档文件。

```
SQL>connect /as sysdba;
SQL>alter system switch logfile;
SQL>alter system switch logfile;
```

```
SQL>alter system switch logfile;
```

（8）关闭数据库，然后将组成数据库的所有物理文件（包括控制文件、数据文件、重做日志文件）进行完全备份，备份到 d:\Orcl\cold\ 目录下。将归档日志文件也备份到 f:\Oracle\arch\ 目录下。备份完成后重新打开数据库即可。

任务 3：演示归档模式下的热备份。

任务的解析步骤如下。

（1）确保数据库和监听进程已正常启动。

（2）确保数据库运行在归档模式。

（3）查询数据字典确认 system、users 表空间所对应的数据文件。

```
SQL>connect /as sysdba;
SQL>select file_name,tablespace_name from dba_data_files;
```

（4）将 system 表空间联机备份。因为 system 表空间中存放数据字典信息，所以 system 表空间不能脱机，只能进行联机备份。

```
SQL>alter tablespace system begin backup;
SQL>host copy E:\ORACLE\ORADATA\ ORCL\SYSTEM01.DBF d:\Orcl\hot\;
SQL>alter tablespace system end backup;
```

（5）将 users 表空间脱机备份。非 system 表空间可以进行联机备份，也可以进行脱机备份。users 表空间对应的数据文件有三个。

（6）数据库中其他表空间都可以用与 users 表空间相同的方法进行联机或脱机备份。

（7）将当前联机重做日志文件归档。将当前联机重做日志文件存储为归档日志文件，以便以后恢复时使用。

```
SQL>alter system archive log current;
```

或者切换所有的联机日志文件。

```
SQL>alter system switch logfile;
SQL>alter system switch logfile;
SQL>alter system switch logfile;
```

（8）将控制文件备份。用下列命令备份控制文件，产生一个二进制副本，放在相应的目录下。

```
SQL>alter database backup
    controlfile to 'd:\Orcl\hot\control1.ctl';
```

10.1.4　实践环节

（1）进行 Oracle 备份策略中最简单的非归档模式下的冷备份，将名为 orcl 的数据库备份在 d:\Orcl\cold\ 目录下。

（2）进行 Oracle 备份策略中较为复杂的归档模式下的联机热备份，将名为 orcl 的数据库备份在 d:\Orcl\hot\ 目录下。

10.2 逻 辑 备 份

10.2.1 核心知识

逻辑备份是用 Oracle 系统提供的 EXPORT 工具将组成数据库的逻辑单元(表、用户、数据库)进行备份,将这些逻辑单元的内容存储到一个专门的操作系统文件中。

Oracle 实用工具 EXPORT 利用 SQL 语句读出数据库数据,并在操作系统层将数据和定义存入二进制文件。可以选择导出整个数据库、指定用户或指定表。在导出期间,还可以选择是否导出与表相关的数据字典的信息,如权限、索引和与其相关的约束条件。导出共有三种模式,具体介绍如下。

1. 交互方式

交互方式即首先在操作系统提示符下输入 EXP,然后 EXPORT 工具会一步一步根据系统的提示输入导出参数(如:用户名、口令和导出类型),然后根据用户的回答,EXPORT工具卸出相应的内容。

2. 命令行方式

命令行就是将交互方式中所有用户回答的内容全部写在命令行上,每一个回答的内容作为某一关键字的值。

3. 参数文件方式

参数文件就是存放上述关键字和相应值的一个文件,然后将该文件名作为命令行的PARFILE 关键字的值。对于在参数文件中没有列出的关键字,该关键字就采用其默认值。

10.2.2 能力目标

掌握 Oracle 数据库逻辑备份中交互方式的使用方法,了解命令行方式和参数文件方式的使用方法。

10.2.3 任务驱动

任务 1:采用交互方式进行 scott 用户下所有表的导出,导出的文件存放在 d:\orcl\scott_table.dmp 中。

任务的解析步骤如下。

(1) 在命令提示符下输入 EXP,然后回车。

```
e:\> exp
```

(2) 输入用户名和口令。

```
scott/tiger
```

(3) 输入数组读取缓冲区大小:4096>。这里使用默认值,直接回车即可。

(4) 输入导出文件名称。

```
EXPDAT.DMP>d:\orcl\scott_table.dmp
```

（5）选择要导出的类型，我们选择表 T。

E（整个数据库）（2）U（用户），或（3）T（表）：（2）U＞T

（6）导出权限（yes/no）：yes＞。

使用默认值，选择 yes。

（7）导出表数据（yes/no）：yes＞。

使用默认设置，导出表数据。

（8）压缩范围（yes/no）：yes＞。

使用默认设置，压缩区。

（9）要导出的表（T）或分区（T：P）：（RETURN 退出）＞dept。

在此输入要导出的表名称。

（10）正在导出表 dept 4 行被导出。

……

（11）继续导出 emp 等表。

（12）在没有警告的情况下成功终止导出。

任务 2：采用命令行方式将 system 用户的学生表 student、课程表 course 和选课表 sc 导出到文件 d:\orcl\stu_cou_sc.dmp 中。

任务的解析步骤如下。

（1）确定用户名和密码。

（2）确定要备份的对象。

（3）确定备份文件的名字及路径。

（4）在命令提示符下输入 EXP 语句实现备份操作。

```
c:\EXP USERID=system/oracle
FILE=d:\orcl\stu_cou_sc.dmp
TABLES=(student,course,sc);
```

任务 3：采用参数文件方式将 system 用户的学生表 student 和课程表 course 两张表导出到文件 d:\orcl\ stu_cou.dmp 中。

任务的解析步骤如下。

（1）先用文本编辑器编辑一个参数文件，名为 C:\stu.TXT。

```
USERID=system/oracle
TABLES=(student,course)
FILE=d:\orcl\stu_cou.dmp
```

（2）执行下列命令完成备份操作。

```
c:\EXP PARFILE=C:\stu.TXT;
```

10.2.4　实践环节

（1）采用交互方式将 scott 用户进行备份，导出的文件存放在 d:\orcl\ scott_user.dmp 中。

（2）采用命令行方式将 scott 用户的部门表 dept 导出到文件 d:\orcl\dept. dmp 中。

（3）采用参数文件方式将 scott 用户的员工表 emp 导出到文件 d:\orcl\emp. dmp 中。

10.3 物 理 恢 复

10.3.1 核心知识

Oracle 数据库恢复方法可以分为物理恢复与逻辑恢复。物理恢复是针对物理文件的恢复。物理恢复又可分为数据库运行在非归档方式下的脱机物理恢复和数据库运行在归档方式下的联机物理恢复。

1. 非归档方式下的脱机恢复

一旦组成数据库的物理文件中有一个文件遭到破坏,必须在数据库关闭的情况下将全部物理文件装入到对应的位置上,进行恢复。

数据库的恢复一般分为 NOARCHIVELOG 模式和 ARCHIVELOG 模式,实际情况中很少会丢失整个 Oracle 数据库,通常只是一个驱动器损坏,仅仅丢失该驱动器上的文件。如何从这样的损失中恢复,很大程度上取决于数据库是否正运行在 ARCHIVELOG 模式下。如果没有运行在 ARCHIVELOG 模式下而丢失了一个数据库文件,就只能从最近的一次备份中恢复整个数据库,备份之后的所有变化都丢失,而且在数据库被恢复时,必须关闭数据库。由于在一个产品中丢失数据或者将数据库关闭一段时间是不可取的,所以大多数 Oracle 产品数据库都运行在 ARCHIVELOG 模式下。

2. 归档方式下的联机恢复

一旦这些数据文件中某一个遭到破坏,将该数据文件的备份装入到对应位置,然后利用上次备份后产生的归档日志文件和联机日志文件进行恢复,可以恢复到失败这一刻。

具体实现步骤为:首先打开数据库,确认数据库运行于归档模式,然后对数据库进行操作,接着将刚操作的内容归档到归档文件。此时如果组成数据库的物理文件中某一个数据文件遭到破坏,造成数据库无法启动,需要将被破坏的数据文件以前的备份按原路径装入。启动数据库到 MOUNT 状态,发 RECOVER 命令,系统自动利用备份后产生的归档日志文件进行恢复,恢复到所有数据文件序列号一致时为止。最后将此数据文件设为 ONLINE,并打开数据库到 OPEN 状态。

10.3.2 能力目标

了解 Oracle 数据库在非归档方式下的脱机恢复,掌握 Oracle 数据库在归档方式下的联机恢复方法。

10.3.3 任务驱动

任务:将名为 orcl 的数据库进行归档模式的联机恢复(备份的文件已经存放在 d:\Orcl\hot\目录下)。

任务的解析步骤如下。

（1）启动数据库并确认数据库运行在自动归档模式。

```
SQL>connect / as sysdba;
SQL>startup;                              /* 启动数据库并保证运行于归档模式 */
SQL>archive log list;                     /* 验证数据库运行于归档模式 */
```

（2）建立新用户 TEST 并授权，在 TEST 用户中建立 TEST 表，并往表中插入数据且提交。

```
SQL>create user test                      /* 建立新用户 */
    identified by test
    default tablespace users
    temporary tablespace temp;
SQL>grant connect,resource to test;       /* 给用户授权 */
SQL>connect test/test;                     /* 新用户连接 */
SQL>create table test(t1 number, t2 date);  /* 建表 */
SQL>insert into test values(1, sysdate);   /* 往表中插入数据 */
SQL>insert into test values(2, sysdate);
SQL>insert into test values(3, sysdate);
SQL>commit;
SQL>disconnect;
```

（3）以 sysdba 权限登录，进行日志切换，以便将刚才所做的操作归档到归档日志文件。假设数据库有三个联机日志文件组，日志切换 3 次，保证刚插入的数据已被归档到归档日志文件。

```
SQL>connect /as sysdba;
SQL>alter system switch logfile;
SQL>alter system switch logfile;
SQL>alter system switch logfile;
```

（4）关闭数据库，删除数据文件 users01.dbf。

```
SQL>connect /as sysdba;
SQL>shutdown;
SQL>host del e:\oracle\oradata\orcl\users01.dbf;
```

（5）执行打开数据库命令，发现错误，观察现象。

```
SQL>connect /as sysdba;
SQL>startup;
```

（6）将归档模式下物理备份的 users01.dbf 文件装入到对应的目录。

```
SQL>host copy d:\Orcl\hot\USERS01.DBF E:\ORACLE\ORADATA\ORCL\;
```

（7）执行数据库恢复。

```
SQL>recover database auto;
```

（8）将 users01.dbf 文件置为 online 状态，以便执行下一步的查询操作，然后将数据库打开。

```
SQL>alter database datafile
    'e:\ORACLE\ORADATA\ORCL\users01.dbf' online;
SQL>alter database open;
```

（9）测试恢复后刚建立的表和插入的数据是否存在。说明数据库运行于归档模式时可以恢复到最后失败点。

```
SQL>connect test/test;
SQL>select * from test;
```

10.3.4 实践环节

自己动手模仿本节的任务 1 进行归档模式的联机物理恢复的测试。

10.4 逻 辑 恢 复

10.4.1 核心知识

逻辑恢复是用 Oracle 系统提供的 IMPORT 工具将 EXPORT 工具存储在一个专门的操作系统文件中的内容按逻辑单元（表、用户、表空间、数据库）进行恢复。IMPORT 工具和 EXPORT 工具必须配套使用。根据卸出的四种模式（整个数据库模式、用户模式、表模式、表空间模式）可以分别装入整个数据库对象、装入某一用户的对象或者装入某一张表上的对象、表空间上的对象。

装入运行方式有以下三种。

（1）交互方式。

（2）命令行方式。

（3）参数文件方式。

10.4.2 能力目标

掌握 Oracle 数据库逻辑恢复中交互方式的使用方法，了解命令行方式和参数文件方式的使用方法。

10.4.3 任务驱动

任务 1：采用交互方式进行 scott 用户下所有表的导入（备份表已经存放在 d:\orcl\scott_table.dmp 中）。

任务的解析步骤如下。

（1）e:\>imp。

（2）用户名：scott/tiger。

（3）导入文件：EXPDAT.DMP> d:\orcl\scott_table.dmp。

（4）输入插入缓冲区的大小（最小为 8192）30720>。

（5）只列出导入文件的内容（yes/no）：no>。

（6）由于对象已存在，忽略创建错误（yes/no）：no>yes。

（7）导入权限（yes/no）：yes＞。

（8）导入表数据（yes/no）：yes＞。

（9）导入整个导出文件（yes/no）：no＞。

（10）用户名：scott。

（11）输入表（T）或分区（T：P）名称。空列表表示用户的所有表＞dept。

（12）输入表（T）或分区（T：P）名称。空列表表示用户的所有表＞emp。

（13）……

任务 2：采用命令行方式导入 d：\orcl\stu_cou_sc.dmp 文件中的学生表 student、课程表 course 和选课表 sc。

任务的解析步骤如下。

（1）确定用户名和密码。

（2）确定要恢复的对象。

（3）确定备份文件的名字及路径。

（4）在命令提示符下输入 IMP 语句实现恢复操作。

```
c:\IMP USERID=system/oracle
TABLES= (student,course,sc)
ROWS=Y
FILE=d:\orcl\stu_cou_sc.dmp
```

任务 3：采用参数文件方式导入 d：\orcl\stu_cou.dmp 文件中的学生表 student 和课程表 course。

任务的解析步骤如下。

（1）先用文本编辑器编辑一个参数文件，名为 c：\cou. TXT。

```
USERID=system/oracle
TABLES= (student,course)
FILE=d:\orcl\stu_cou.dmp
```

（2）执行下列命令完成恢复操作。

```
c:\IMP PARFILE=C:\cou.TXT;
```

10.4.4　实践环节

（1）采用交互方式导入 d：\orcl\scott_user.dmp 文件中的 scott 用户。

（2）采用命令行方式导入 d：\orcl\dept.dmp 文件中的部门表 dept。

（3）采用参数文件方式导入 d：\ orcl \emp.dmp 文件中的员工表 emp。

10.5　小　　结

- 数据库备份与恢复是两个相对应的概念，备份是恢复的基础，恢复是备份的目的。
- 物理备份是针对组成数据库的物理文件的备份。这是一种常用的备份方法，通常按照预定的时间间隔进行。物理备份通常有两种方式：冷备份与热备份。

- 逻辑备份是用 Oracle 系统提供的 EXPORT 工具将组成数据库的逻辑单元(表、用户、数据库)进行备份,将这些逻辑单元的内容存储到一个专门的操作系统文件中。
- 物理恢复是针对物理文件的恢复。物理恢复又可分为数据库运行在非归档方式下的脱机物理恢复和数据库运行在归档方式下的联机物理恢复。
- 逻辑恢复是用 Oracle 系统提供的 IMPORT 工具将 EXPORT 工具存储在一个专门的操作系统文件中的内容按逻辑单元(表、用户、表空间、数据库)进行恢复。

习 题 10

1. 在 Oracle 数据库系统中,逻辑备份的命令为( )。

    A. BACKUP   B. LOG   C. EXP   D. IMP

2. 在 Oracle 数据库系统中,逻辑恢复的命令为( )。

    A. BACKUP   B. LOG   C. EXP   D. IMP

3. ( )是指在数据库关闭的情况下将组成数据库的所有物理文件全部备份到磁盘或磁带。

    A. 物理备份   B. 逻辑备份   C. 冷备份   D. 热备份

4. 在 Oracle 中使用逻辑备份与恢复命令进行数据库表的备份与恢复。

(1) 采用命令行方式将 scott 用户的工资等级表 salgrade 导出到文件 d:\orcl\salgrade.dmp 中。

(2) 采用命令行方式导入 d:\oracle\salgrade.dmp 文件中的工资等级表 salgrade。

样本数据库

本书中所涉及的所有案例均来自学生—课程数据库、员工—部门数据库。

1. 学生—课程数据库

该数据库包含学生表 student、课程表 course 和选课表 sc 三张表。

（1）各表的结构如附表 1～附表 3 所示。

附表 1　student（学生表）

字段名	字段类型	是否为空	说　　明	字段描述
SNO	CHAR(8)	NOT NULL	主键	学生学号
SNAME	VARCHAR2(20)			学生姓名
SEX	CHAR(4)			性别
AGE	INT		年龄大于 16 岁	年龄
DEPT	VARCHAR2(15)			学生所在的系别名称

附表 2　course（课程表）

字段名	字段类型	是否为空	说　　明	字段描述
CNO	CHAR(8)	NOT NULL	主键	课程编号
CNAME	VARCHAR2(10)			课程名称
TNAME	VARCHAR2(10)			授课教师名
CPNO	CHAR(8)		外键（参照课程表中的课程编号）	选修课程号
CREDIT	NUMBER			学分

附表 3　sc（选课表）

字段名	字段类型	是否为空	说　　明	字段描述
SNO	CHAR(8)	NOT NULL	外键（参照学生表中的学生编号）	学生学号
CNO	CHAR(8)	NOT NULL	外键（参照课程表中的课程编号）	课程编号
GRADE	NUMBER			选修成绩

其中，(Sno,Cno)属性组合为主键。

（2）各表中的数据如附图 1～附图 3 所示。

2. 员工—部门数据库

该数据库包含员工表 emp 和部门表 dept 两张表。

（1）各表的结构如附表 4 和附表 5 所示。

SNO	SNAME	SEX	AGE	DEPT
20120001	周一	男	17	计算机系
20120002	吴二	女	20	信息系
20120003	张三	女	19	计算机系
20120004	李四	男	22	信息系
20120005	王五	男	22	数学系
20120006	赵六	男	19	数学系
20120007	陈七	女	23	日语系
20120008	刘八	男	21	日语系
20120009	郑九	女	18	管理系
20120010	孙十	女	21	管理系

附图 1　学生表 student 中的数据

CNO	CNAME	TNAME	CPNO	CREDIT
c1	maths	李老师		3
c2	english	赵老师		5
c3	japanese	陈老师		4
c4	database	张老师	c1	4
c5	java	王老师	c1	3
c6	jsp_design	刘老师	c5	2

附图 2　课程表 course 中的数据

SNO	CNO	GRADE
20120001	c1	75
20120001	c2	95
20120001	c3	82
20120001	c4	88
20120002	c1	89
20120002	c3	61
20120002	c5	55
20120003	c1	72
20120003	c2	45
20120003	c3	66
20120003	c5	86
20120004	c2	85
20120004	c3	97
20120005	c1	52
20120005	c5	56
20120006	c6	74
20120007	c1	57
20120007	c6	80
20120007	c4	
20120008	c1	
20120009	c1	86
20120009	c3	80
20120009	c4	72
20120009	c5	36
20120009	c6	52

附图 3　选课表 sc 中的数据

附表 4　emp（员工表）

字段名	字段类型	是否为空	说　　明	字段描述
EMPNO	CHAR(8)	NOT NULL	主键	员工编号
ENAME	VARCHAR2(20)			员工姓名
SEX	CHAR(4)			性别
AGE	NUMBER			年龄
JOB	VARCHAR2(10)			职位
MGR	CHAR(8)		外键（参照员工表中的员工编号）	主管经理编号
SALARY	NUMBER			月薪
DEPTNO	CHAR(8)		外键（参照部门表中的部门编号）	部门编号

附表 5　dept（部门表）

字段名	字段类型	是否为空	说　　明	字段描述
DEPTNO	CHAR(8)	NOT NULL	主键	部门编号
DNAME	VARCHAR2(20)		唯一	部门名称
LOC	VARCHAR2(20)			部门所在地点

（2）各表中的数据如附图 4 和附图 5 所示。

EMPNO	ENAME	SEX	AGE	JOB	MGR	SALARY	DEPTNO
6001	周一	男	48	总经理		8000	
1001	吴二	女	45	部门经理	6001	4000	10
1002	张三	女	34	会计	1001	3000	10
1003	李四	男	22	会计	1001	2500	10
2001	王五	男	35	部门经理	6001	3400	20
2002	赵六	男	27	文员	2001	2000	20
2003	陈七	男	25	文员	2001	1600	20
3001	刘八	女	39	部门经理	6001	4500	30
3002	郑九	女	32	业务员	3001	3000	30
3003	孙十	男	19	业务员	3001	1500	30
4001	蒋十一	男	31	部门经理	6001	6500	40
4002	沈十二	男	26	程序员	4001	2000	40
4003	韩十三	男	27	程序员	4001	3000	40
4004	朱十四	男	20	程序员	4001	1300	40
5001	秦十五	男	35	部门经理	6001	2400	50
5002	吕十六	女	26	维修员	5001	1700	50

附图 4　员工表 emp 中的数据

DEPTNO	DNAME	LOC
10	财务部	上海
20	人力资源部	广州
30	销售部	上海
40	研发部	广州
50	客服部	北京

附图 5　部门表 dept 中的数据